DIE HEIZUNGS-MONTAGE

EIN HANDBUCH
FÜR DIE PRAXIS

VON

DIPL.-ING. OTTO GINSBERG

MIT 1 ZUSAMMENSTELLUNG UND
81 ABBILDUNGEN

II. TEIL
MONTAGE DER ANLAGEN

MÜNCHEN UND BERLIN 1926
DRUCK UND VERLAG VON R. OLDENBOURG

Vorwort.

In dem ersten Teil der „Heizungsmontage" sind die Einzelteile der Heizungsanlagen und ihre handwerksmäßige Verarbeitung zur Darstellung gekommen, ohne daß auf die Zweckmäßigkeit des Zusammenbaues zu ganzen Anlagen Rücksicht genommen wurde. In dem vorliegenden zweiten Teil wird nun die Erstellung ganzer Anlagen behandelt und alle die Maßnahmen besprochen, welche ein umsichtiger Monteur treffen muß, damit die von dem Ingenieur entworfene und in der Montagezeichnung zur Darstellung gebrachte Anlage auch die gewünschte Wirkung hat. Es werden also die Dinge behandelt, die ein mit Verständnis arbeitender Monteur wissen soll, um die Absichten des Ingenieurs selbständig zur Durchführung zu bringen. Dazu ist es notwendig, auch etwas auf die Theorie einzugehen. Die grundlegenden wissenschaftlichen Begriffe und die hauptsächlichsten Naturgesetze sind in leicht faßlicher Form dargestellt, in einer Weise, welche sich bei Vorträgen vor Monteuren sehr gut bewährt hat. Auf diese Art ist es möglich, die Notwendigkeit und Zweckmäßigkeit verschiedener Maßnahmen klarzulegen, und auch gelegentliche Abweichungen von den allgemeinen Regeln zu begründen. Es ist dabei streng vermieden, zahlenmäßige Angaben zur Berechnung der Anlagen zu machen. Die rechnerische Auswertung ist Sache des Ingenieurs, die Durchführung auch der einfachsten Ingenieurarbeiten lenkt den Monteur zu sehr von seinen eigentlichen Arbeiten ab, und sollte unter allen Umständen verhindert werden. Jede Änderung, welche eine Verschiebung der Abmessungen zur Folge haben kann, muß dem technischen Bureau gemeldet und dort bearbeitet werden.

Hannover, im Juni 1926.

Otto Ginsberg,
Dipl.-Ing.

Inhaltsverzeichnis.

Vorwort.

I. Allgemeines über technische Begriffe und physikalische Gesetze.

II. Vorbereitungen für den Einbau der Heizungsanlage, die Aufstellung von Kesseln und Heizkörpern, Verlegung der Rohre bei allen Systemen.

Bauliches. Übereinstimmung von Ausführung und Zeichnung. Änderungen. Kesselhaus, Bedienungszentrale. Kesselgrube, Schornstein, Füchse. Schürraumlänge und Breite. Folgen von Fehlern. Vertiefung. Folgen falscher

III. Die Wasserheizung.

IV. Die Dampfheizung.

V. Die Luftheizung.

I. Allgemeines über technische Begriffe und physikalische Gesetze.

Bei der Durchführung der Montage von Heizungsanlagen findet man häufig, daß über die grundlegenden Vorgänge ganz unklare, wenn nicht falsche Vorstellungen herrschen, und das führt nur zu oft zu nicht zweckentsprechenden Ausführungsvorschlägen, wenn nicht gar zu Maßnahmen, die ein ordnungsmäßiges Arbeiten der fertigen Anlage vollständig verhindern müssen.

Die Erörterungen über das Spiel der Kräfte und die verschiedenen Einwirkungen auf den gewünschten Erfolg haben wiederholt gezeigt, daß die Irrtümer hauptsächlich dadurch entstanden sind, daß unter der gleichen Bezeichnung ganz verschiedenartige Dinge verstanden wurden, oder daß für den gleichen Begriff eine andere Benennung gewählt wurde. Auch über das Allergebräuchlichste bestehen Mißverständnisse, deren Beseitigung unbedingtes Erfordernis ist.

Es sollen deshalb zunächst alle Maße genau umschrieben werden, welche für die Heizungstechnik von Bedeutung sind, und im Anschluß daran in einfacher Darstellung die physikalischen Vorgänge geschildert und erörtert werden, deren Kenntnis zum Verständnis der Wirkungsweise notwendig erscheint. Hierbei ist es nicht nötig, auf feine wissenschaftliche Unterschiede einzugehen, die vielleicht noch Streitpunkte in den Erörterungen der Gelehrten sind. Diese sind für die Technik ohne Bedeutung. Auch würde es dem Zweck des vorliegenden Buches widersprechen, wenn für alle diese Gesetze usw. zahlenmäßige Angaben gemacht würden, welche eine rechnerische Bestimmung der erforderlichen Größen ermöglichten. Lediglich das Grundlegende, Einfache wird behandelt, die Anwendung auf die Rechnung bleibt stets dem Ingenieur vorbehalten.

Als Maß für die Länge dient das Meter (m). Man hatte beabsichtigt, den Erdumfang am Äquator in 40000000 Teile zu teilen und einen solchen Bruchteil als Längeneinheit zu wählen. Auf Grund unvollkommener Messungen wurde ein „Normalmaßstab" aus Platin hergestellt, der in Paris aufbewahrt wird. Genaue Nachbildungen wurden von allen Kulturstaaten, welche sich der Metermessung angeschlossen haben, angefertigt. Später stellte sich heraus, daß die vorgenommenen Erdmessungen nicht genau waren. Um allen möglichen Schwierigkeiten aus dem Wege zu gehen, entschloß man sich, von der ursprünglichen Begriffserklärung abzugehen und das einmal geschaffene Maß beizubehalten, ein Meter (m) also zu erklären als die Länge des in Paris aufbewahrten Platinstabes.

Der hundertste Teil eines Meters heißt Centimeter (cm), der tausendste Teil Millimeter (mm).

In früheren Zeiten rechnete man fast allgemein nach Fuß und Zoll. Jedes Land hatte seine eigenen Größen, die allerdings nicht sehr erheblich voneinander verschieden waren, die aber nirgends durch ein Normalmaß genau und sicher festgelegt waren. Die meisten dieser Maßstäbe sind zugunsten des Meters verschwunden. Nur der englische Zoll hat sich erhalten, und wird besonders zur Bezeichnung der schmiedeeisernen Rohre auch heute noch in Deutschland und in anderen Ländern benutzt.

Um Flächen zu messen, vergleicht man ihre Größe mit der eines Quadrates mit einer Längeneinheit als Seite. Man sagt also, eine Fläche ist 12 Quadratmeter (qm oder m²) groß, wenn sie im ganzen 12 mal so groß ist wie ein Quadrat mit einem Meter Seitenlänge. Entsprechend redet man von Quadratcentimeter (qcm oder cm²) und Quadratmillimeter (qmm oder mm²). 1 qm hat eine Seitenlänge von 1 m = 100 cm, also eine Fläche von $100 \times 100 = 10000$ qcm. Ebenso hat 1 qcm $10 \times 10 = 100$ qmm.

Für die Messung von Räumen dient als Vergleichseinheit ein Würfel mit der Längeneinheit als Kante. Man spricht von einem Cubikmeter (cbm oder m³), einem Cubikcentimeter (ccm oder cm³) und einem Cubikmillimeter (cmm oder mm³). Für den Inhalt des Würfels von 10 cm Seitenlänge hat man auch die besondere Bezeichnung Liter (l) geschaffen. 1 l hat $10 \times 10 \times 10 = 1000$ ccm Inhalt.

Die Raummaße in Verbindung mit einem sehr weit in der Natur verbreiteten Stoff, dem Wasser, führen zu den Gewichtseinheiten. 1 ccm ganz reinen Wassers bei bestimmter Temperatur wiegt ein Gramm (g), das Tausendfache, das Gewicht von 1 l Wasser heißt Kilogramm (kg). Dieses bildet für alle technischen Zwecke die eigentliche Gewichtseinheit. Ein Pfund ist die Hälfte von 1 kg, 1 Zentner = 100 Pfund = 50 kg, 1 Tonne (t) = 1000 kg.

Die äußeren Einwirkungen auf einen Körper, welche auf seinen Bewegungszustand von Einfluß sind, heißen Kräfte. Die Kräfte werden verglichen mit der, welche das Gewicht von 1 kg in Richtung des Erdmittelpunktes auf einen ruhenden Körper ausübt. Man benutzt für die Bezeichnung der Kraftgröße also ebenfalls das Kilogramm.

Nehmen wir einen Gegenstand von 1 kg Gewicht und hängen ihn frei an eine Wage, so muß die andere Seite zur Ausgleichung der Kraft, mit welcher er den Wagebalken belastet, mit einem Gewicht von ebenfalls 1 kg beschwert werden. Schieben wir jetzt ein Gefäß mit Wasser derart unter den Gegenstand, daß er vollständig in das Wasser eintaucht, so bemerken wir, daß 1 kg auf der anderen Seite viel zu schwer zur Herstellung des Gleichgewichtes ist. Scheinbar hat der Körper an Gewicht verloren. In Wahrheit aber übt das Wasser eine dem Gewicht entgegenwirkende Kraft, den Auftrieb, aus. Durch genaue Messungen kann man feststellen, daß der Auftrieb genau so groß ist wie das Gewicht des verdrängten Wassers.

Wird der Auftrieb größer als das Gewicht, so wird der Gegenstand teilweise über den Wasserspiegel in die Höhe gehoben. Ein

Stück Holz, das leichter ist als der gleiche Rauminhalt Wasser, bleibt nicht auf dem Boden liegen, sondern es schwimmt.

Es liegt nahe, anzunehmen, daß aus ähnlichen Gründen ein gut gefüllter Luftballon nicht an der Erdoberfläche bleibt, sondern in die Höhe steigt, daß er also durch die umgebende Luft einen Auftrieb erfährt. Das hat zur Voraussetzung, daß auch die Luft ein bestimmtes Gewicht besitzt. Dieses können wir aber nicht wahrnehmen, denn wenn wir einen Teil der Luft abtrennen wollen, um ihn zu wiegen, so erfährt er ja von der umgebenden Luft auch einen Auftrieb, der sein Gewicht vollständig aufzuheben scheint. Nur in einem luftleeren Raum muß sich das Gewicht in vollem Maße zeigen. Tatsächlich ist es durch umfangreiche Versuche gelungen, festzustellen, daß 1 cbm trockener Luft bei mittlerem Barometerstand und einer Temperatur von der des schmelzenden Eises 1,293 kg wiegt.

Wenn die Luft Gewicht hat, so muß sie auch auf die Erdoberfläche eine Kraft ausüben, die ihrem Gewicht genau entspricht. Auch diese Kraft hat man gemessen. Mit verhältnismäßig geringen Unterschieden ist sie auf gleichen Flächen für alle in gleicher Höhenlage befindlichen Punkte die gleiche. Die Kraft, welche auf die Flächeneinheit wirkt, nennt man den spezifischen Druck oder kurz den Druck der Luft. Er wechselt mit der Witterung ein wenig und beträgt im Durchschnitt, angenähert 10000 kg auf 1 qm oder 1 kg/qcm. Dieser Druck heißt deshalb auch der Atmosphärendruck oder der Druck von 1 atm. Jeder andere größere oder kleinere Druck wird mit dieser Druckeinheit verglichen. Dampf von 5 atm Druck übt die fünffache Kraft auf eine Fläche aus, wie das Luftgewicht selbst. Dampf von der gleichen Spannung wie die Luft übt einen Druck von 1 atm aus. Dieser Druck ist aber nicht unmittelbar meßbar, da er ja dem Luftdruck nur das Gleichgewicht hält. Wir können nur den Drucküberschuß in einem Meßinstrument sichtbar machen, und deshalb rechnen wir in der Technik im allgemeinen auch nicht mit dem wirklichen, dem „absoluten" Druck, sondern nur mit dem Überdruck.

Der Druck der Atmosphäre ist gleich 1 kg/qcm oder gleich dem Gewicht von 1 l Wasser, das auf 1 qcm wirkt. Wird nun 1 l Wasser auf eine Grundfläche von 1 qcm gepackt, so entsteht eine Wassersäule von 10 m Höhe. Deshalb sagt man auch, die Atmosphäre übe einen Druck von 10 m Wassersäule aus und man mißt gelegentlich den Druck nur nach der Höhe der Wassersäule, welche dem Druck zur Herstellung des Gleichgewichtes entgegenwirken muß.

Wenn mehrere Kräfte auf einen Körper einwirken, welche sich in ihrer Gesamtheit gegenseitig aufheben, so sagt man die Kräfte stehen im Gleichgewicht. Das Vorhandensein einer freien Kraft hat stets eine Bewegungsänderung zur Folge. Ein ruhender Gegenstand wird in Bewegung gesetzt, ein bewegter in seiner Bewegung geändert. Ein der eigenen Schwere unterworfener Stein muß nach unten fallen, wenn nicht eine Unterstützung oder Aufhängung eine der Schwere entgegengesetzt wirkende Stützkraft von gleicher Größe ausübt. Ein geschwungener Hammer kommt nur zur Ruhe, wenn er auf das Schmiedestück oder den Meißel usw. trifft, welche eine Gegenkraft, einen Widerstand ausüben. Die Bewegung eines Gegenstandes bleibt die gleiche, wenn alle auf ihn einwirkenden Kräfte sich gegenseitig aufheben, wenn sie im Gleichgewicht stehen.

Wenn wir auf eine, in einem offenen Gefäß in Ruhe befindliche Flüssigkeit durch Einsenken eines Gewichtes eine nach unten gerichtete Kraft ausüben, so können wir beobachten, daß die Flüssigkeit seitwärts ausweicht. Es wird also eine seitlich wirkende Kraft auftreten müssen. Wir sehen daraus, daß in einer Flüssigkeit jeder Druck nach allen Seiten hin wirkt.

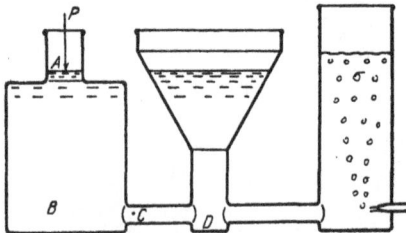

Abb. 1. Darstellung der Druckverteilung und des Wasserstandes in Gefäßen verschiedener Form. Bei gleicher Dichte ist der Wasserspiegel unabhängig von der Form des Gefäßes und stets gleich hoch. Geringere Dichtheit (Beimischung von Luft) bringt den Spiegel zum Steigen.

Betrachten wir jetzt zwei Gefäße, die unten durch ein Rohr miteinander verbunden sind (Abb. 1). Die Gefäße sind mit kaltem Wasser gefüllt und nach oben offen. Im Punkte A lastet der Atmosphärendruck p auf dem Wasserspiegel, Da die Flüssigkeit sich in Ruhe befindet, muß der gleiche Druck auch von unten her ausgeübt werden. Es findet daher sicher eine Fortpflanzung des von außen her ausgeübten Druckes durch die ganze Flüssigkeit hindurch statt. Gehen wir herunter bis zum Punkte B, so lastet auf diesem der Atmosphärendruck vermehrt um den der Wassersäule h von A bis B, also $p + h$. Zu dem seitlich gelegenen Punkt C muß sich der Druck unverändert fortpflanzen, hier muß also auch $p + h$ herrschen, unabhängig davon, ob über C wirklich Wasser ist oder nicht. Die Form des Gefäßes ist auf den Druck ohne jeden Einfluß, dieser hängt allein von dem Oberflächendruck und von der Höhe der Flüssigkeitssäule ab. Er wirkt auch auf die Wandung und muß, da Bewegung nicht vorhanden ist, durch einen gleich großen Wanddruck aufgenommen werden. Die Wand muß deshalb so ausgebildet sein, daß sie infolge ihrer Festigkeit diesen Druck auch ausüben kann. Gehen wir nun weiter zum Punkte D in der gleichen Höhe, so muß hier ebenfalls der gleiche Druck herrschen. Wenn auf dem Wasserspiegel im zweiten Gefäß der Atmosphärendruck ruht, so muß der Spiegel hier genau so hoch über dem Punkte D stehen wie im ersten Gefäß über dem Punkte *B*. Ist aber das Gefäß geschlossen und einem höheren Druck ausgesetzt, so wird sich der Wasserspiegel genau um soviel niedriger stellen, als der Druckerhöhung entspricht.

Befindet sich in dem zweiten Gefäß nicht reines Wasser, sondern ist dieses mit Blasen von Dampf oder Luft stark durchsetzt, so ist das Gewicht hier geringer als in dem ersten Gefäß, es gehört eine größere Höhe dazu um den gleichen zusätzlichen Druck zu erzeugen, und dadurch wird der Wasserspiegel in diesem Falle erheblich höher stehen als unter den zuerst betrachteten Verhältnissen.

Wir haben uns bis jetzt nur mit dem ruhenden Wasser beschäftigt. In den Heizungsanlagen befindet sich aber das Wasser und der Dampf nicht in Ruhe, sondern in einer ständigen, bei gutgehenden Ausführungen gleichmäßigen Bewegung. Ein einfacher Versuch wird uns über die Strömungsvorgänge mancherlei Aufklärung geben. Halten wir einen gewöhnlichen Trichter, wie er in jedem Haushalt verwendet wird, unter einen schwach geöffneten Wasserleitungshahn. Das Wasser fließt glatt ohne jede Stauung durch. Nach etwas weiterer Öffnung stellt sich eine kleine Wassermenge oberhalb des Rohres ein, der Wasserspiegel bleibt aber bald andauernd auf fast genau gleicher Höhe. Öffnen wir nun den Zufluß weiter, so stellt sich ein neuer, höherer Spiegel ein, bei gleichbleibender Wassermenge wird er aber stets gleich hoch bleiben.

Da während eines Versuchsabschnittes eine gleichbleibende Wassermenge in Bewegung ist, herrscht ohne Zweifel ein Beharrungszustand. Das Gesetz von der Gleichheit von Kräften und Gegenkräften muß also hier Anwendung finden können. Sicher ist das Wasser im Trichter der Schwerkraft unterworfen, die nur zum Teil durch die Wände des Trichters aufgenommen wird. Seiner Bewegung muß daher ein Druck entgegenwirken, der ebenso groß ist wie der der Wassersäule. Wir nennen diesen Druck den Widerstand, den die Wandungen des Trichters der Bewegung des Wassers entgegenstellten.

Wir haben gesehen, daß sich das Wasser um so höher stellt, je mehr hindurch fließt. Die Wassersäule, der Druck wird also bei wachsender Menge immer größer, mithin muß auch der Widerstand entsprechend wachsen. Wir sehen also aus diesem einfachen Versuch, daß strömende Flüssigkeiten um so mehr Widerstand in den Leitungen erfahren, je größer ihre Geschwindigkeit in denselben ist.

Die Frage der Strömungswiderstände hat viele Forscher lange Zeit hindurch beschäftigt. Heute ist man in der Lage, den Widerstand jeder Rohrleitung bei jeder Fördermenge von Dampf, Wasser oder Luft mit technisch genügender Genauigkeit zu berechnen. Man ist dazu gekommen, die Widerstände zu teilen in die der einfachen, glatten Rohrleitung, die man kurz als die Reibung bezeichnet, und die der Richtungsänderungen, Verengungen, Ventile, Hähne usw., die kurz die einmaligen oder die Einzelwiderstände heißen.

Voraussetzung für die Richtigkeit aller Berechnungen ist natürlich, daß nicht durch Montagefehler unbeabsichtigte Einzelwiderstände in die Leitung kommen, wie z. B. Verengungen durch schlechtes Ausfräsen der Rohre, durch minderwertige Schweißung, durch Zusammenquetschen der Rohre beim Biegen und ähnliches.

Nun ein weiterer Versuch zur Klarlegung der Vorgänge bei der Erwärmung. Nehmen wir eine Flasche mit recht großem Inhalt und engem Hals und füllen sie vorsichtig mit heißem, möglichst kochenden Wasser, stellen das Gewicht der gefüllten Flasche fest und setzen sie dann in ein recht eng anschließendes Gefäß, welches wir mit kaltem Wasser füllen. Durch Einhängen eines Thermometers können wir beobachten, daß die Temperatur des Wassers in der Flasche allmählich fällt, während sie gleichzeitig in dem umschließenden Gefäß steigt. Ferner sehen wir, daß der Wasserinhalt der Flasche sich verringert hat. Auch wenn wir bei etwa eingetretenen Wasserverlusten auf der Wage soviel Wasser in die Flasche nachfüllen, daß diese ihr ursprüngliches Gewicht wieder erhält, bleibt der Wasserstand im Hals niedriger als vor der Abkühlung.

Der Versuch zeigt uns zweierlei: 1. Warmes Wasser nimmt einen größeren Raum ein als das gleiche Gewicht kühleren Wassers, es muß daher bei gleichem Raummaß leichter sein als dieses, und 2. von dem heißen Wasser geht durch die Flaschenwand hindurch Wärme zum kälteren Wasser.

Jetzt halten wir die entleerte Flasche mit der Halsöffnung nach unten über eine Gas- oder Spiritusflamme, so daß sich die Luft stark erwärmt. Wenn die Temperatur etwa auf die des kochenden Wassers gestiegen ist, stellen wir die Flasche, immer mit der Öffnung nach unten, in dasselbe Gefäß wie bei dem ersten Versuch, nachdem wir es wieder mit kaltem Wasser gefüllt haben. Der mit Luft gefüllte Teil des Flascheninhaltes, dessen Größe wir an dem Wasserstand im Halse beobachten können, nimmt jetzt viel schneller und stärker ab als bei Wasserfüllung, dagegen steigt die Temperatur des umgebenden Wassers nicht entfernt in dem gleichen Maße.

Die Luft enthält also bei der gleichen Temperatursteigerung viel weniger Wärme als das Wasser, dehnt sich aber gleichzeitig wesentlich stärker aus. Die Temperatur, das äußerlich wahrnehmbare Zeichen der Wärme, ist also nicht gleichbedeutend mit dem Wärmeinhalt.

Den äußerlich wahrnehmbaren Wärmezustand, die Temperatur, können wir durch Thermometer unmittelbar messen. Wir benutzen hierzu geschlossene Gefäße mit ziemlich langen, sehr dünnen Hälsen, die mit einer der Ausdehnung in hohem Maße ausgesetzten Flüssigkeit, meist Quecksilber oder gefärbten Alkohol, gefüllt sind. Der Stand im Halse gibt an einer dahinter gelegten Teilung jedesmal die Temperatur an. Bei der in der Technik gebräuchlichen Teilung nach den Vorschlägen von Celsius ist die Temperatur des schmelzenden Eises der Ausgangspunkt, den wir als 0⁰ bezeichnen, der Siedepunkt des reinen Wassers bei mittlerem Luftdruck wird mit 100⁰ bezeichnet und dazwischen 100 gleiche Teile eingeschaltet.

Eine andere Teilung, die nach Réaumur, welche in Deutschland noch ziemlich oft angewendet wird, benutzt die gleichen festen Punkte, enthält aber nur 80 Teile.

Bei beiden Angaben werden Temperaturen unterhalb des Gefrierpunktes mit dem — -Zeichen versehen.

Von ganz anderen Gesichtspunkten ging Fahrenheit aus, dessen Vorschläge hauptsächlich in England und den von England beeinflußten Ländern Aufnahme fanden. Als Nullpunkt wählte er die tiefste, zur Zeit der Aufstellung erzielbare Temperatur, die aber in der neueren Technik weit unterschritten ist. Als zweiten Festpunkt wählte er ebenfalls die Temperatur des schmelzenden Eises, und diese Spanne teilte er mehrere Male hintereinander in zwei gleiche Teile, so daß er schließlich zu 32 Abschnitten kam. Die gleichen Abschnitte trug er dann nach oben auf und erreichte den Siedepunkt des Wassers bei 212°. Zwischen dem Schmelzpunkt und dem Siedepunkt befinden sich also 180 Teile gegenüber 100 bei Celsius und 80 bei Réaumur. Die Zahl 180 ist aber eine zufällige, keine in der eigentlichen Absicht Fahrenheits begründete.

Der Wärmeinhalt selbst, die Wärmemenge, welche die Flüssigkeit oder die Luft oder irgend ein Körper enthält, ist nicht ohne Weiteres mit dem Thermometer oder irgendeinem anderen Meßinstrument unmittelbar abzulesen. Dazu gehört noch die genaue Kenntnis des Stoffes. Immerhin gibt die Temperatur einen gewissen Anhaltspunkt für denselben. Die Wärmeeinheit (WE), das ist die Wärme, die als Vergleichsmaß dient, ist diejenige Menge, durch welche 1 kg Wasser von 0° um 1° C erwärmt werden kann. 1 kg Luft braucht zur Erwärmung um 1° nur etwa 0,237 WE, Eisen 0,115 WE usw.

Nehmen wir jetzt wieder die zwei unten miteinander verbundenen Gefäße vor, in denen das Wasser gleich hoch steht. Durch irgendeine Vorrichtung wird das Wasser des einen Gefäßes erwärmt, während es in dem anderen Gefäß kalt bleibt (Abb. 2).

Wir haben gesehen, daß warmes Wasser einen größeren Raum einnimmt, als kaltes.

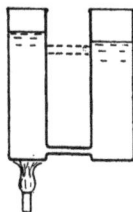

Abb. 2. Einfluß der Verringerung der Wasserdichte durch Erwärmung. In dem warmen Gefäß steigt der Wasserspiegel. Störung des Gleichgewichtes, Entstehung eines Wasserumlaufes.

Daher wird der Wasserspiegel in dem erwärmten Gefäß steigen, ohne daß der Druck auf das Verbindungsrohr sich ändert. Das Gleichgewicht der beiden Wassermengen wird also nicht gestört, obwohl der Wasserspiegel im warmen Gefäß höher steht.

In der Höhe des kalten Wasserspiegels herrscht in dem kalten Gefäß nur der Atmosphärendruck, während in dem warmen Gefäß in gleicher Höhe schon ein geringer Zusatz durch die Wassersäule bis zu dem höher gelegenen Spiegel entstanden ist. Wenn man jetzt die beiden Gefäße dicht unterhalb des kalten Wasserspiegels miteinander verbindet, so herrscht in dem Verbindungsstück kein Gleichgewicht, sondern es wird etwas Wasser von dem warmen in das kalte Gefäß überströmen. Dadurch wird aber das Gleichgewicht in der unteren Verbindung gestört, das kalte Gefäß hat hier einen kleinen Überdruck und es strömt kaltes Wasser in den unteren Teil des warmen Gefäßes. Dann steigt aber der Warmwasserspiegel wieder, es strömt oben wieder warmes Wasser in das kalte Gefäß, und das geht solange fort, bis in beiden Gefäßen unten die gleich hohe Säule kalten und oben die gleich hohe Säule warmen Wassers steht. Wird durch irgend ein Mittel das aus dem warmen in das kalte Gefäß tretende Wasser auf die Temperatur im kalten Gefäß abgekühlt, während gleichzeitig das unten in das warme Gefäß tretende Wasser entsprechend erwärmt wird, so bleibt die Gleichgewichtsstörung dauernd erhalten, und es findet ein regelrechter Wasserumlauf statt. Die Geschwindigkeit, mit welcher der Wechsel stattfindet, ist einmal von dem Druckunterschied abhängig, der durch die verschiedene Ausdehnung der beiden Wassermengen entstanden ist, dann aber auch von den Widerständen, welche in dem durchflossenen System von Gefäßen und Verbindungsröhren bestehen. Ein Beharrungszustand tritt dann ein, wenn Umtriebsdruck und Widerstände einander gleich sind.

Wird dem Wasser in einem offenen Gefäß Wärme zugeführt, so steigt zunächst seine Temperatur. Ist aber eine gewisse Höhe, 100°, erreicht, so ist es nicht möglich, dieselbe noch weiter zu steigern. Wir beobachten wohl eine lebhafte Bewegung und Blasenbildung im Wasser, und es steigt Wasserdampf auf, aber die Temperatur bleibt die gleiche. Allmählich verschwindet Wasser aus dem Behälter, der Wasserinhalt wird immer kleiner, das Wasser geht in Dampf über.

Wir ersehen daraus, daß nach Erreichung einer gewissen Grenze weiter zugeführte Wärme zur Erzeugung von Dampf, nicht aber zur Temperaturerhöhung verwendet wird.

Wenn wir den Dampf in einen kalten Behälter leiten, so erwärmt sich dieser, und gleichzeitig geht Dampf wieder in Wasser über.

Bei seiner Entstehung bindet der Dampf also Wärme, er läßt sie scheinbar verschwinden, gibt sie aber bei der Zurückbildung in Wasser wieder frei zur Erwärmung seiner Umgebung.

Findet die Verdampfung und das Niederschlagen nicht unter dem Druck der Atmosphäre, sondern in geschlossenen Behältern bei höherem oder geringerem Druck statt, so bleiben die Vorgänge grundsätzlich die gleichen, nur ändert sich dann die Temperatur, sie steigt bzw. fällt, und bleibt bei gleich hohem Druck stets auf der gleichen Höhe.

Bei genauer Beobachtung können wir feststellen, daß auch schon lange vor der Erreichung der Siedetemperatur Wasser aus dem Behälter verschwindet. Es wird von der darüberstehenden Luft aufgelöst, es verdunstet. Genau wie beim Verdampfen wird dabei viel Wärme gebunden. Der Vorgang ist aber nicht entfernt so stürmisch wie das Verdampfen, und nicht abhängig von der Wärmezufuhr, sondern nur von der jeweiligen Temperatur und von der Beschaffenheit der über dem Wasser stehenden Luft.

Ebenso wie bei dem Übergang von dem flüssigen in den dampfförmigen Zustand wird auch beim Schmelzen, bei der Verwandlung fester Körper in flüssige bei gleichbleibender Temperatur Wärme gebunden, sie verschwindet scheinbar und äußert sich nur noch in einer anderen Beschaffenheit der Körper, denen sie zugeführt ist.

Auch andere Umwandlungen von Wärme sind in der Technik bekannt. Die Wärme des Dampfes nutzen wir in den Dampfmaschinen zur Leistung von Arbeit aus, und umgekehrt können wir durch Arbeit wieder Wärme erzeugen. Wenn wir den Hammer schwingen und auf ein kleines Stück kalten Eisens fallen lassen, so erwärmt sich dieses unter Einfluß der Hammerschläge ziemlich schnell, die aufgewendete Arbeit ist in Wärme umgewandelt.

Sehr wichtig für die Heizungstechnik ist die Bindung der Wärme durch chemische Vorgänge, durch Veränderung von Stoffen in ihrer Zusammensetzung und ihre Rückgewinnung durch Rückbildung in die ursprünglichen Bestandteile. Die Sonnenwärme wird von den Pflanzen dazu benutzt, aus der Kohlensäure der Luft und dem Wasser des Bodens den Körper aufzubauen, und die Sonnenwärme von Tausenden von Jahren steht uns in den Überbleibseln früherer Pflanzen, im Torf und in der Kohle zur Verfügung. Durch die Verbrennung wird wieder Kohlensäure und Wasserdampf gebildet, und gleichzeitig wird die gespeicherte Sonnenwärme frei und steht uns für unsere Zwecke zur Verfügung.

Torf und Kohle ebenso wie Holz besteht aus einer Reihe von chemischen Grundstoffen, sog. Elementen, deren wichtigste für unsere Betrachtung der Kohlenstoff, der Wasserstoff und der Sauerstoff sind. Wasserstoff verbindet sich bei höheren Temperaturen mit Sauerstoff zu Wasser, und dabei wird eine sehr beträchtliche Wärmemenge frei, die sich wieder in Temperatursteigerung äußert. Kohlenstoff geht mit Sauerstoff zwei verschiedene Verbindungen ein, bei unvollständiger Verbrennung entsteht das gefährliche Kohlenoxyd, bei der vollständigen Verbrennung mit einer größeren Menge Sauerstoff die Kohlensäure. Bei der Bildung von Kohlenoxyd wird eine weit geringere Wärmemenge frei als bei der von Kohlensäure, und aus diesen Gründen ist man bestrebt, stets die vollkommene Verbrennung herbeizuführen.

Der Sauerstoffgehalt der Brennstoffe reicht bei weitem nicht zur Verbrennung aus. Nun haben wir als wichtigsten Bestandteil der Luft genügende Vorräte an Sauerstoff, so daß wir eine Verbrennung mit Hilfe der Luft stets herbeiführen können.

Zur Freimachung der gebundenen Wärme ist es also nur nötig, den Brennstoff mindestens auf die notwendige Temperatur, die Zündtemperatur zu bringen und zu halten, und ihm dann die genügende Menge von Luft zuzuführen. Zu wenig Luft hat unvollständige Verbrennung, die Bildung von Kohlenoxyd und damit eine nur teilweise Freimachung der im Brennstoff gebundenen Wärme zur Folge. Ein reichlicher Überschuß an Luft hat keinen unmittelbaren Einfluß auf die Verbrennung, muß aber als Ballast mitgeschleppt und erwärmt werden, und entzieht daher einen Teil der freigemachten Wärme dem Zweck, für welchen sie verwendet werden soll.

Die Erfahrung hat gezeigt, daß wir in unseren Feuerungen nicht nur gerade die Luftmenge zum Brennstoff gelangen lassen dürfen, welche nach Art seiner Zusammensetzung zur vollständigen Verbrennung erforderlich wäre. Es ist zur technischen Durchführung einer guten Wärmeentwicklung vielmehr notwendig, einen Überschuß über dieses theoretisch erforderliche Maß zuzuführen. Man soll sich aber aus den bereits angegebenen Gründen hüten, mehr als das Notwendigste in dieser Beziehung zu tun.

Die Verbrennungsluft muß daher dem Brennstoff derart zugeführt werden, daß es jederzeit leicht möglich ist, ihre Menge zu beeinflussen, sie zu vergrößern oder zu verringern. Damit sie richtig an den Brennstoff gelangen kann, müssen die bereits erzeugten Verbrennungsprodukte, die Kohlensäure, der Wasserdampf und die Reste der Verbrennungsluft fortdauernd entfernt und an einer Stelle ins Freie befördert werden, wo sie keinen Schaden anrichten können.

In dem zur Leitung dieser Bewegung erforderlichen, genau vorgeschriebenen Weg entstehen natürlich durch die Bewegung Widerstände, welche durch einen Druck überwunden werden müssen. Da die Verbrennungsprodukte, die Rauchgase stets eine höhere Temperatur besitzen als die Luft, und am besten hoch oben über den Dächern ins Freie befördert werden, benutzt man zur Erzeugung dieses Druckes vorteilhaft eine Erscheinung, welche der bei dem Wasser in den ungleich erwärmten Gefäßen vollständig entspricht. An Stelle des Wassers tritt hier die atmosphärische Luft beziehungsweise die Rauchgase. Das warme Gefäß ist der Schornstein oder Kamin, das kalte die Außenluft. Die untere Verbindung wird durch die Feuertür und den Rost der Feuerung hergestellt, die obere durch die obere Schornsteinmündung. Ohne weiteres leuchtet ein, daß der Druck um so größer wird, je höher der Schornstein ist und je größer der Temperaturunterschied zwischen Kamin und Luft ausfällt. Um bei bestimmten Kaminverhältnissen die Menge der eintretenden Luft zu regeln, kann man den Widerstand durch Einbau besonderer Hindernisse vergrößern. Diesem Zweck dienen der Rauchschieber und die Luftklappen, durch welche man es in der Hand hat, jede beliebige Luftmenge bis zu einer bestimmten Höchstgrenze anzusaugen.

Bei Holz, Torf, Braunkohle und Steinkohle geht der Verbrennung unter Einfluß der hohen Temperatur eine chemische Zersetzung voraus. Das Maß dieser Zersetzung soll genau der späteren Verbrennung entsprechen. Es kann aber leicht vorkommen, daß bei der Zersetzung schon ein zu großer Teil der Verbrennungsluft verbraucht wird, so daß zur vollständigen Verbrennung zum Schluß zu wenig Luft vorhanden ist. Deshalb ist es ratsam, bei diesen Brennstoffen nur einen Teil der Luft durch den Rost zu führen, den Rest aber unter Umgehung der Zersetzungszone, möglichst gut angewärmt noch als „Sekundärluft" in die Verbrennungszone gelangen zu lassen.

Die vorstehenden Ausführungen dürften genügen, um alle die Regeln genügend zu begründen, welche der sorgsame Monteur bei der Ausführung aller Heizungsanlagen beachten muß.

II. Vorbereitungen für den Einbau der Heizungsanlagen, die Aufstellung von Kesseln und Heizkörpern und Verlegung der Rohre bei allen Systemen.

Bauliches. Die Montage keiner Anlage sollte in Angriff genommen werden, ehe nicht die Übereinstimmung der Bauausführung mit den vorliegenden Zeichnungen festgestellt bzw. der Einfluß etwa vorgenommener Änderungen geklärt und die dadurch bedingten Abweichungen von der Montagezeichnung untersucht und genau angegeben sind. Deshalb soll bei Beginn der Montage der Rohbau vollständig fertig dastehen, und alle auf Anordnung des Heizungsingenieurs vorzunehmenden Arbeiten zum Abschluß gebracht sein.

Das Herz der Heizung ist die Kesselanlage oder die Hauptbedienungszentrale. Sie muß dem Besitzer der beheizten Räume unsichtbar der Anlage Leben geben, von ihrer Arbeit hängt die Erzielung der gewünschten Wirkung in allererster Linie ab. Deshalb sollte gerade diesem Teile die allergrößte Aufmerksamkeit und Sorgfalt geschenkt werden. Die genaue Durchführung aller Angaben, insbesondere die Herstellung einer genügend geräumigen und genügend tiefen Grube, die Anordnung der erforderlichen Schornsteine und Füchse ist unbedingt zu verlangen. Der Monteur hat genau zu prüfen, ob keine Fehler in den Abmessungen vorgekommen sind. Geringfügige Einsparungen führen leicht zu den schwersten Beanstandungen im Betriebe.

Besonders häufig wird gegen die Forderung einer ausreichenden Breite des Schürraumes verstoßen. Ein knapper Schürraum hat zur Folge, daß die Kessel nicht ordentlich gereinigt werden, daß ihre Leistung sinkt, und daß die ganze Anlage dann nicht genügend Wärme hergibt. Die Breite des Kesselraumes kommt weniger der ständigen Bedienung, als den Monteuren bei etwa notwendigen Reparaturen zugute. Wenn es nicht möglich ist, ein geplatztes Hinterglied eines gußeisernen Kessels herauszuholen, ohne den ganzen Kessel abzubauen, lediglich weil neben dem Kessel kein Platz dafür gelassen ist, so liegt das nicht an der Eigenart des Kessels, sondern an den ungenügenden Platzverhältnissen.

Auf die Bedeutung der Kesselraumvertiefung wird bei den verschiedenen Systemen noch hingewiesen.

Ein zu knapper Schornstein oder Fuchs, die Einführung anderer Feuerstellen in die gleiche Rauchabzugsanlage ergeben einen Fehlbetrag an Zugstärke, der sich auch wieder in unzureichender Erwärmung auswirkt.

Alle diese Abmessungen hat der Monteur genau zu kontrollieren. Dagegen ist es nicht seine Sache, auf die Güte der Bauausführung zu achten. Er braucht nicht zu prüfen, ob der Boden und die Seitenwände, die im Grundwasser liegen, auch wirklich wasserdicht sind. Auf Mängel, welche er in dieser Beziehung sieht, soll er wohl aufmerksam machen, ohne indes von ihrer Beseitigung die Aufnahme der Arbeit abhängig zu machen. Dagegen müssen die Abmessungen vor Beginn der Montage unbedingt richtiggestellt sein.

Eine Entwässerung der Kesselgrube darf niemals fehlen. Wenn es die Höhenverhältnisse gestatten, sollte eine Fußbodenentwässerung im Schürraum, möglichst weit von den Kesseln entfernt, mit einem Siebgitter abgedeckt, unmittelbar in die Kanalisation führen. Liegt das Hauptkanalisationsrohr dafür zu hoch, so ist eine kleine Grube, etwa 40 × 40 × 40 cm anzulegen, aus welcher eine Handpumpe oder ein Wasserstrahlapparat das Wasser bis zum nächsten Ausguß hebt. Die Unterlassung dieser Maßnahme hat zur Folge, daß bei jeder noch so kleinen Reparatur das Wasser in Eimern aus dem Kesselraum heraus getragen werden muß.

Die Wasserleitung zur Füllung der Anlage wird meist erst nach der Fertigstellung der Heizung gelegt. Die Verbindung soll auch da, wo die polizeilichen Vorschriften es nicht ausdrücklich verbieten, niemals eine feste sein, da die Wasserleitungsventile selten dauernd dicht schließen und eine Undichtheit bei fester Verbindung kaum festzustellen ist. Ein ständiges Nachspeisen der Anlage, wenn auch in nur ganz geringem Maße ist für diese unter allen Umständen von allergrößtem Schaden und muß unbedingt verhindert werden. Damit der Füllschlauch nach der Füllung auch tatsächlich abgenommen wird, und nicht doch eine ständige Verbindung mit der Wasserleitung bestehen bleibt, empfiehlt es sich, den Wasserleitungshahn so anzulegen, daß der Schlauch bei der Kesselbedienung ein lästiges Hindernis bildet. Die Zapfstelle sollte sich deshalb möglichst im Schürraum gegenüber den Kesselvorderwänden befinden.

Kessel. Die Kessel können im allgemeinen genau horizontal aufgestellt werden. Nur bei besonders langen Kesseln (bei Längen von 3 m oder mehr) wird eine schwache Neigung, etwa 5—10 mm auf die ganze Länge angebracht sein. Es ist darauf zu achten, daß die Entleerung dann stets am tiefsten Ende angebracht wird, während der Vorlauf für Dampf oder Warmwasser an das entgegengesetzte Ende, an den höchsten Punkt kommt.

Die einzelnen Ausrüstungsteile des Kessels sind im ersten Teile der Heizungsmontage über Material und Werkzeug eingehend besprochen worden. Besonders sei nochmals darauf hingewiesen, daß alle beweglichen Teile, insbesondere die Regulatorklappen und die Rauchschieber gut in Stand und leicht gangbar sind, da von diesen die Möglichkeit der richtigen Bedienung abhängt. Die Schür- und Reinigungsgeräte sollen in einwandfreiem Zustand vollzählig zur Stelle sein, denn sie sind das wichtigste Handwerkzeug des Heizers, ohne welches er seine Arbeit nicht richtig ausführen kann.

Bei jeder Inbetriebnahme eines Kessels ist vor allen Dingen zu prüfen, ob die Wasserfüllung eine ausreichende ist. Die Stellung aller Ventile, Hähne und Schieber ist nachzusehen, und erst, wenn sich der

Monteur davon selbst überzeugt hat, daß alles in Ordnung ist, daß alle Reinigungsverschlüsse gut geschlossen und daß der Rauchabzug frei ist, soll er zum ersten Male anheizen.

Zunächst ist ein leichtes Feuer aus Papier, trocknem Holz usw. zu entzünden. Wenn zu Anfang nicht genügend Zug vorhanden ist, so ist möglichst nahe dem Schornstein eine Reinigungsklappe zu öffnen und in diese brennendes Papier oder Stroh zu stecken und zum Schornstein zu schieben. Die Klappe ist sofort wieder zu schließen und unmittelbar danach der Versuch im Kessel zu wiederholen. Nur selten wird es erforderlich sein, das „Lockfeuer" längere Zeit zu unterhalten, meist wird ein einmaliger Versuch vollständig genügen. Wenn das Holzfeuer richtig brennt, ist ganz wenig Koks oder das sonst für den Betrieb bestimmte Brennmaterial aufzuschütten. Es ist ratsam, ein kleines Feuer mit geringen Brennstoffmengen einige Stunden zu halten, damit das Mauerwerk vom Fuchs und Schornstein langsam austrocknet und sich erwärmt, denn bei einer schnellen Steigerung der Temperatur entstehen leicht Risse im Mauerwerk, durch welche „Nebenluft" eintritt, die den Schornsteinzug ganz erheblich herabsetzt und die Güte der Anlage schädigt. Allmählich kann dann der Betrieb verstärkt werden, bis er zu dem Punkt gelangt, welcher für die Übernahme der Anlage erforderlich ist.

Heizkörper. Ebenso wie für die Kessel sollten auch für die Heizkörper die Räume schon vollständig vorgerichtet sein, ehe der Monteur seine Arbeit hier beginnt. Insbesondere soll die Wand, an welcher der Heizkörper befestigt wird, schon geputzt und fertig gemacht sein, denn eine nachträgliche Arbeit dort macht ein Abnehmen erforderlich, und vielfach wird dann später der Zusammenhang ein ganz anderer als beabsichtigt. Die Wandoberfläche rückt durch den Putz näher an den Heizkörper, der Abstand wird häufig genug ungleichmäßig verringert, die Reinigungsfähigkeit erschwert. Nischen werden kleiner, und ursprünglich gut aus der Wand tretende Anschlüsse sitzen viel zu weit im Putz, Ventilräder sind nicht mehr richtig zu fassen und anderes mehr.

Werden die Heizkörper auf Füße gestellt, so kann die Aufstellung gar nicht erfolgen, ehe nicht der Boden wenigstens unter ihnen fertiggestellt ist. Es empfiehlt sich, wenn nicht der ganze Fußboden vollständig gemacht wird, einen Sockel aus besonders hartem Holz, z. B. Eichenholz herzustellen, der höher ist, als der Boden werden soll. Nur auf diese Weise vermeidet man mit einiger Sicherheit Schmutzgruben, die später zu ewigen Klagen Veranlassung geben.

An der Wand befestigte Heizkörper kommen auf Konsolen, welche so vom Maurer nach Angaben des Monteurs einzusetzen sind, daß der Heizkörper genau wagerecht darauf zu liegen kommt. Werden 3 oder mehr Konsolen erforderlich, so sind zunächst 2 derselben einzusetzen, gut durch untergeschobene und unterkeilte Steine zu stützen, der Heizkörper darauf zu setzen und erst dann die übrigen einzumauern derart, daß sie ebenfalls durch Unterkeilung fest gegen den Heizkörper anliegen. Die Stützung der Konsole darf erst entfernt werden, wenn der Mörtel vollständig abgebunden hat.

Besondere Halter dürfen bei Heizkörpern auf Konsolen niemals fehlen. Bei hohen Heizkörpern auf Füßen sind sie auch fast unentbehrlich, und auch niedrige Körper sollten nicht ohne dieselben bleiben. Werden besonders lange Heizkörper nicht genau wagerecht unterstützt, so muß darauf geachtet werden, daß keine schädlichen Säcke entstehen. Dampfheizkörper müssen den Kondensatabfluß stets an der tiefsten Stelle haben, Warmwasserheizkörper müssen an dem höchsten Punkte der Luft die Möglichkeit zum Abzug geben. Verstöße gegen diese Vorschrift bringen oft den ganzen Körper zum vollständigen Versagen.

Bei der Aufstellung soll man besonders auf die Reinigungsfähigkeit der Heizkörper und die gute Zugänglichkeit der Regelungsvorrichtungen achten. Ein Abstand von 5—6 cm von der Wand und 10—15 cm vom Fußboden und möglichst ebensoviel von der Fensterbrettabdeckung sollten nur im Notfalle unterschritten werden. Am leichtesten kann man noch über den Heizkörpern sparen, allerdings auf Kosten der Wärmeleistung, welche durch das Anstauen der erwärmten Luft stark beeinträchtigt wird.

Wenn eine Verkleidung der Heizkörper beabsichtigt ist, so ist wegen der Anbringung der Regelungsgriffe unbedingt eine Rücksprache mit der Bauleitung erforderlich. Ein Griff, welcher gerade hinter dem Scharnier der türartig zu öffnenden Verkleidung liegt, kann nie richtig bedient werden, der feste Rahmen wird kaum durchbohrt werden können, um den Griff zugänglich zu machen, und hinter dem Rahmen gerät er sicher in Vergessenheit, der Heizkörper ist einfach nicht mehr zu regulieren.

Rohrleitungen. Die Verlegung der Rohrleitungen ist bei den verschiedenen Heizungssystemen sehr verschiedenartig durchzuführen. Im allgemeinen gelte als Regel, daß die Befestigung zunächst provisorisch durch Drahtaufhängung, Unterstützung durch in die Wand geschlagene Rundeisen usw. erfolgt, und erst später die Rohrträger, die Schellen und sonstige endgültige Befestigungsvorrichtungen eingesetzt werden. Eine Ausnahme hiervon machen nur die Unterstützungen, welche noch nachträglich verstellbar sind wie z. B. Kugellager mit Tragkonsolen, die an Gleitschienen angebracht sind oder ähnliche Vorrichtungen.

Die Einzelheiten der Rohrverbindungen und Befestigungen sind im ersten Teil der Heizungsmontage besprochen worden. An dieser Stelle sei hinzugefügt, daß stets zwischen je zwei Formstücken bzw. Bögen eine lösbare Verbindung eingeschaltet werden sollte, damit bei einer etwa erforderlichen Änderung oder Instandsetzung eine Lösung ohne zu weitgehende Beschädigung des Baues oder Zerstörung von Teilen der Heizungsanlage möglich ist.

Die Rohrverbindungen sollen, wenigstens wenn die Leitung später verdeckt wird, für möglichst viele Teile dicht beieinander liegen, so daß mit wenig Öffnungen alle dem Verbrauch unterworfenen Teile freigelegt werden können. So sollen in den Heizkörperanschlüssen die Rechts- und Linksmuffen oder die Langgewinde dicht am Strang liegen, und der Strang selbst die lösbare Verbindung dicht am Abzweig haben. Da-

bei ist aber immer darauf zu achten, daß alle Teile, welche mit der
Zange gefaßt werden müssen, gut zugänglich und so gelegen sind, daß
man beim Arbeiten auch noch genügende Bewegungsfreiheit hat.

Einige Ausführungsarten der Rohrverlegung werden noch bei den
einzelnen Heizungsarten besprochen werden.

Für alle anderen Bestandteile der Anlage gilt sinngemäß das
über Kessel und Heizkörper Gesagte.

III. Die Wasserheizung.

Die Schwerkraft-Niederdruck-Warmwasserheizung. Die
Schwerkraft-Niederdruck-Warmwasserheizung oder auch kurz die
Warmwasserheizung genannt ist die einfachste Art einer Sammel-
heizung für große oder kleine Gebäude. Sie besteht im wesentlichen
aus einem oder mehreren Kesseln als Wärmequelle, einem einfachen
Rohrzug zur Zuleitung des warmen Wassers zu den Wärmeverbrauchs-
stellen, den Heizkörpern, durch welche die Wärme an die zu beheizenden Räume abgegeben wird und einer ebenfalls einfachen Rückleitung
des abgekühlten Wassers zu der Kesselanlage (Abb. 3—5). An der

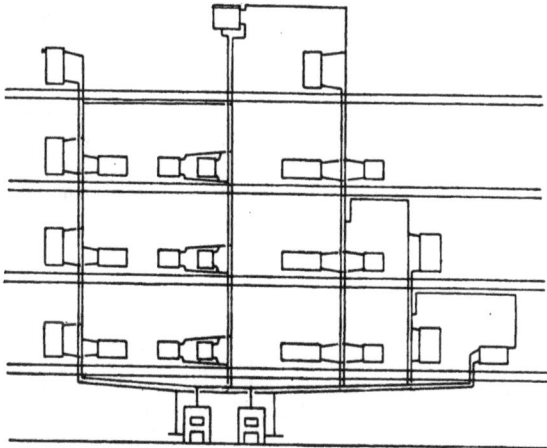

Abb. 3. Schematische Darstellung einer Schwerkraft-Warmwasserheizung mit unterer Verteilung. Die Hauptleitungen liegen
durchweg an Kellerdecke, die Kessel liegen »im Sack«. Die
Entlüftung der Anlage erfolgt teilweise durch Lufthähne (Heizkörper im obersten Geschoß, links), sonst durch Luftleitungen.
In dem linken Teil liegt die Luftleitung mit ständiger Steigung
und führt vom Vorlauf zum Vorlauf. Rechts ist der erste Strang
durch eine wasserfrei liegende Leitung entlüftet, die anderen
durch Leitungen mit Luftsack. Vorlaufentlüftungen führen in
den Vorlauf, Rücklaufentlüftungen (ganz rechts) in den Rücklauf. Das Ausdehnungsgefäß ist mit Wasserumlauf versehen.

höchsten Stelle der Rohrleitung wird diese mit einem offenen Gefäß, dem Ausdehnungs- oder [Expansionsgefäß verbunden. Meßvorrichtungen zur genauen Beobachtung des Betriebes und Regelungseinrichtungen an der Kesselanlage und an den Heizkörpern werden meist angebracht, sind aber kein wesentlicher Bestandteil der Anlage.

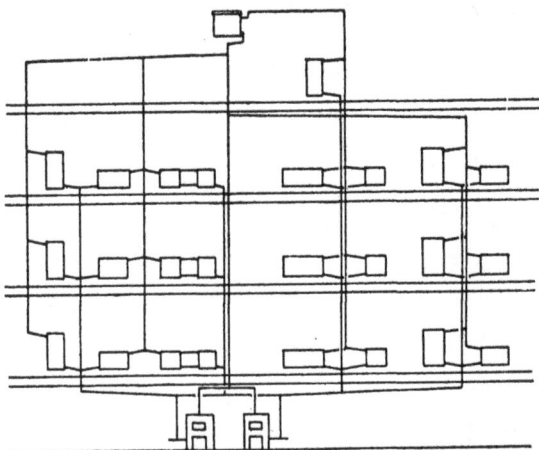

Abb. 4. Schematische Darstellung einer Schwerkraft-Warmwasser-Heizung mit oberer Verteilung, Zweirohrsystem. Die Kessel liegen im Sack. Die Hauptvorlaufleitung befindet sich links im Dachgeschoß, rechts im zweiten Obergeschoß. Der rechts befindliche Dachgeschoßheizkörper erhält eine besondere Luftleitung oberhalb des Wasserstandes im Ausdehnungsgefäß. Die Vor- und Rücklaufstränge sind links verkettet, rechts dagegen nicht. Links Verkupplung von je zwei Heizkörpern.

Die Wirkungsweise einer solchen Anlage ist folgende: In der Kesselfeuerung wird durch möglichst vollständige Verbrennung von Koks, Kohle oder Holz usw. die im Brennstoff gebundene Wärme frei gemacht und, soweit dies technisch durchführbar ist, durch die Heizfläche auf das Wasser übertragen. Durch einen regelmäßigen Umlauf des Wassers soll die Wärme ständig abgeführt und zu den Heizkörpern geleitet werden. Die Heizkörper nun werden von der erheblich kälteren Raumluft umspült und entziehen durch die Heizflächen dem Wasser die Wärme. Dadurch kühlt sich das Wasser ab und ist für eine neue Wärmemenge aufnahmefähig.

Der Umlauf des Wassers wird durch Schwerkraft erzielt. Die Vorlauf- und die Rücklaufleitung bilden Gefäße, welche mit verschieden warmen Wasser gefüllt, und oben sowie unten miteinander verbunden sind. Wie wir im ersten Abschnitt gesehen haben, entsteht ein ständiger Umlauf, solange der Temperaturunterschied zwischen den beiden Gefäßen aufrecht erhalten wird. Das aber geschieht, wenn am tiefsten Punkt durch die Kesselanlage die gleiche Wärmemenge zugeführt wird, wie an den höheren Punkten durch die Heizkörper entzogen wird.

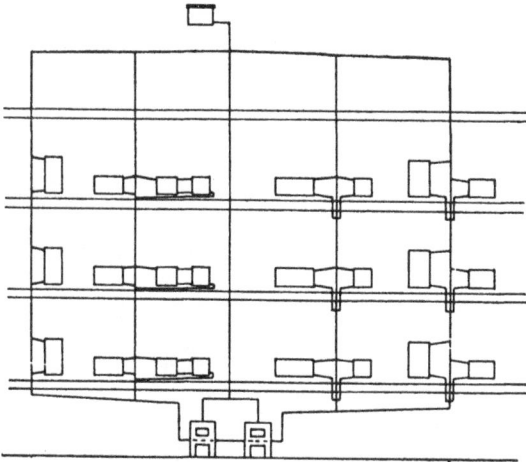

Abb. 5. Schematische Darstellung einer Schwerkraft-Warm-wasser-Heizung mit oberer Verteilung, Einrohrsystem. Die Rücklaufleitung liegt im Kesselhaus tief, ohne Absperrung wird auch der nicht befeuerte Kessel warm. Die Heizkörper-anschlüsse sind ganz einfach gestaltet. Links: Rückführung in den Strang in der Höhe der Heizkörperanschlußbohrung. Rechts: Herabführung des Rücklaufes zur Erzielung eines besseren Wasserumlaufes in den Heizkörpern. — Das Aus-dehnungsgefäß kann nur mit Schwierigkeit Wasserumlauf erhalten.

Die Größe des Umtriebsdruckes ist nur abhängig von den Höhen-verhältnissen zwischen Kessel und Heizkörper. Eine zu geringe Kessel-raumvertiefung hat die Verkleinerung des Umtriebsdruckes zur Folge, ohne daß sich die Widerstände gegen die Bewegung des Wassers nen-nenswert ändern. Das Wasser läuft daher nur träge um, die Wärmezu-fuhr zu den einzelnen Heizkörpern erfolgt nicht lebhaft genug, die Anlage wird in ihrer Wirkung den Berechnungen nicht entsprechen. Be-sonders bei der noch später zu besprechenden unteren Verteilung des Wassers kann ein vollständiges Aussetzen des Wasserumlaufes in ganzen Teilen der Anlage die Folge sein. Genaue Ausführung der in der Mon-tagezeichnung angegebenen Kesselraumvertiefung ist eine der Vorbe-dingungen für ein gutes Arbeiten der Anlage.

Eine der wesentlichsten Voraussetzungen für die richtige Arbeit der Anlage ist danach deren vollständige Füllung mit Wasser, derart, daß der Rohrzug an keiner Stelle unterbrochen ist, oder auch nur durch irgend ein Hindernis der Umlauf einen nennenswert größeren Widerstand findet, als man berechnet hat. Es muß daher dafür Sorge getragen werden, daß beim Füllen der Anlage die ursprünglich im Umlaufswege befindliche Luft restlos herausgedrängt und durch Wasser ersetzt wird. Luftsäcke, d. h. Stellen, in denen die Luft bei der Füllung durch Wasser abgeschlossen wird und nicht mehr entweichen kann, dürfen unter keinen Umständen vorhanden sein. Die Vorlaufleitung ist also vom Kessel aus bis zu der Stelle, an welcher das offene Ausdehnungsgefäß angeschlossen wird, mit ständiger Steigung zu verlegen. Stellen, an welchen eine Gefälleveränderung aus örtlichen Gründen nicht zu vermeiden ist, müssen durch besondere Vorrichtungen, meist offene Leitungen bis über den höchsten Wasserstand oder steigende Verbindungen mit einem Teil der Leitung, von dem aus kein umgekehrtes Gefälle mehr vorkommt, mitunter auch durch Entlüftungshähne oder selbsttätig wirkende Ventile, gut entlüftet werden (Abb. 3 u. 4).

Die Beobachtung hat gezeigt, daß sich die Luft, welche aus irgendeiner Ursache nicht entweichen konnte, nicht etwa wie in einem großen Gefäß über eine große Oberfläche verteilt, sondern daß sie sich zusammenballt und ein Kissen, einen Luftpfropfen bildet (Abb. 6), dessen Bewegung größere Schwierigkeiten macht als die eines kleinen, in der Leitung befindlichen festen Körpers. Solche Luftpfropfen bilden also

Abb. 6. Bildung eines Luftpfropfens in einem schlecht verlegten horizontal liegenden Rohr.

nicht nur einen großen Widerstand, sondern sie verhindern meist eine Bewegung des Wassers vollständig.

Bei einer Füllung der Anlage von oben her besteht immer die Gefahr, daß das Wasser auch in die Rohre fließt, welche zur Entlüftung angelegt sind und deshalb offen bleiben sollen. In einem solchen Falle wird die richtige Entlüftung gerade durch das Wasser verhindert, und Störungen im Betrieb sind dann unvermeidlich. Es sollte daher stets die Füllung von unten her, etwa in der Nähe der Kessel erfolgen.

Im allgemeinen wird die Rohrleitung in allen nach oben führenden Teilen ziemlich gleich hoch voll Wasser stehen. Ein größerer, in die Leitung eingeschalteter Raum, etwa ein großer Heizkörper, braucht natürlich zu seiner Füllung eine entsprechend größere Wassermenge. Bei schneller Füllung kann es vorkommen, daß schon vor der Beendigung derselben bei dem Heizkörper die Zulaufleitung höher voll Wasser steht, als die Verbindung des Heizkörpers mit derselben. Dann ist auch die Entlüftung des einen Heizkörpers unmöglich geworden, und hier zeigen sich beim Betriebe schwere Umlaufstörungen. Deshalb soll die Anlage nicht nur von unten gefüllt, sondern sie soll langsam gefüllt werden, so daß sich die Wasserstände in den verschiedenen Teilen rechtzeitig ausgleichen und ein Entweichen auch des letzten Restes von Luft aus den Heizkörpern möglich ist.

Lufthähne und Ventile zur Abführung von Luft aus einem Sack sind wegen der Unzuverlässigkeit jeder Bedienung stets ein Notbehelf, der nur im äußersten Notfalle angewendet werden sollte. Wenn ein solcher aber nicht zu vermeiden ist, so sollte der Einbau nicht unmittelbar auf die Rohrleitung erfolgen, sondern es ist stets ein Zwischengefäß, ein Luftsammelbehälter anzubringen, in welchem sich eine gewisse Luftmenge ansammeln kann, ehe Umlaufstörungen eintreten (Abb. 7 und 8).

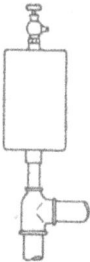

Abb. 7. Anordnung einer Luftschraube für eine Leitung auf einem Sammelbehälter.

Abb. 8. Anordnung einer Luftschraube für eine Leitung auf einem Luftsammelrohr.

Neben der Entlüftung spielt die Entleerung der Anlage eine wichtige Rolle. Durch eine, wenn auch nur teilweise Entleerung wird die Anlage betriebsunfähig und ist dann bei strengerer Kälte der Frostgefahr in hohem Maße ausgesetzt. Die Rohrführung muß deshalb so erfolgen, daß bis zur Entleerung von jedem Punkte aus ein ständiges Gefälle besteht. Ist ein Aufwärtsführen und die Bildung eines Wassersackes nicht zu umgehen, so muß am tiefsten Punkte ein gut zugänglicher und leicht zu bedienender Entleerungshahn angebracht werden.

Über die Aufstellung der Kessel ist das im II. Abschnitt Gesagte zu beachten, sowie alle Angaben aus dem ersten Teil der Heizungsmontage zu befolgen. Besondere Eigenheiten bietet die Aufstellung von Warmwasserkesseln nicht. Wichtig ist lediglich, daß die Vorschriften der Montagezeichnung und der Montageanweisung genau befolgt werden.

Die Anbringung des Thermometers, durch welches die Temperatur des Heizwassers beobachtet, und nach dessen Angabe die Feuerung geregelt werden soll, muß so erfolgen, daß das Gefäß stets in den Strom der Vorlaufleitung eintaucht. Befindet es sich in einem Luftkissen, so kann die Angabe nicht richtig sein. Wenn die Möglichkeit der Bildung von Luftpolstern im Kessel besteht, so sollte man das Thermometer lieber in die Leitungen selbst einbauen.

Aber auch auf andere Weise können falsche Anzeigen entstehen. Bei langen, besonders bei einseitig angeschlossenen Kesseln wird leicht in dem den Anschlüssen entfernten Teil ein träger Wasserumlauf eintreten und dadurch die Temperatur hier unverhältnismäßig hoch ansteigen. Ein Thermometer, welches hier auf den Kessel gesetzt wird, muß also eine höhere Temperatur als die des Vorlaufes anzeigen. Das Thermometer soll deshalb stets in der Nähe des Vorlaufes oder in diesem selbst angebracht werden (Abb. 12).

Eine Vorrichtung zum Messen des jeweiligen Wasserstandes, das sog. Hydrometer, kann an jede beliebige Stelle der Verteilungsleitung ohne besonderen Wassersack angeschlossen werden. Die Zwischenschaltung einer längeren Anschlußleitung ist mit Rücksicht auf die Haltbarkeit vorteilhaft, da die Gefahr der Temperaturübertragung dann geringer ist. Unter allen Umständen sollte die Teilscheibe des Hydrometers in Augenhöhe stehen, so daß die Ablesung leicht und ohne Fehler erfolgen kann. Die Einschaltung eines Dreiweghahnes, durch welchen das Instrument vollständig entlastet und auf die Nullanzeige gebracht werden kann, sollte nie versäumt werden.

Wie schon erwähnt, ist ein langsames Füllen der Anlage für das richtige Arbeiten des Umlaufes von großer Bedeutung. Deshalb ist es zwecklos, besonders bei hohen Drucken der zur Füllung verwendeten Wasserleitung, große Abmessungen zu wählen. Auch für die größte durch die städtische Leitung versorgte Anlage genügt ein Durchmesser von 20 mm ($\frac{3}{4}''$). Zu beachten ist der unbedingt dauernd dichte Abschluß. Deshalb werden in erster Linie die Niederschraubhähne, d. h. Ventile mit besonderer Dichtscheibe verwendet. Unmittelbare feste Verbindung mit der Wasserleitung ist aus den bereits angegebenen Gründen zu vermeiden. Das Füllventil erhält eine Schlauchverschraubung, auf welche der Füllschlauch nur nach Bedarf aufgesetzt wird.

Die Einführung des kalten Wassers unmittelbar in den Kessel ist meist sehr bequem, aber, besonders bei Gußkesseln sehr unvorteilhaft. Zahlreiche Kesselschäden sind nur auf das plötzliche Eintreten kalten Wassers in die heißen Kessel zurückzuführen. Sie werden mit einiger Sicherheit vermieden, wenn der Anschluß in einiger Entfernung vom Kessel erfolgt, so daß das eingeführte kalte Wasser sich vor Erreichung des Kessels mit dem warmen genügend mischt.

Es ist mitunter nicht zu vermeiden, daß während des vollen Betriebes der Anlage Wasser nachgespeist wird. Das Wasser in der Nähe der Speisestelle wird dann stets stark abgekühlt. Befindet sich die Speisestelle im Vorlauf, so wird die warme Wassersäule bedeutend schwerer, der Umtriebsdruck stark verringert, und es können unter Umständen Umlaufstörungen eintreten, welche nur durch vollständiges Abkühlen und neues Anheizen der ganzen Anlage zu beheben sind. Derartige Störungen sind vollständig ausgeschlossen, wenn nur in den Rücklauf gespeist wird. Der Anschluß ist also am Rücklauf, möglichst weit vom Kessel entfernt auszuführen, jedoch so, daß die Stelle leicht zu erreichen ist, daß von dort aus das Hydrometer gut beobachtet werden kann, und daß der Schlauch nach beendeter Speisung auch sicher wieder abgenommen wird.

Im Gegensatz zur Füllung soll die Entleerung recht schnell möglich sein, damit im Falle eines plötzlich eingetretenen Schadens an der Heizung, wie Platzen eines Radiators in einer Wohnung (durch Frost), Reißen eines Rohres usw. keine Zeitverluste und keine zu schweren Gebäudeschäden entstehen. Auch die Reinigung der Kessel von Fremdkörpern, wie Schlamm, der sich aus dem Wasser abgesetzt hat usw., soll durch schnellen Abfluß erleichtert werden. Die Entleerung soll deshalb möglichst groß und ohne Bewegungswiderstände durch Richtungsänderungen ausgeführt werden. Es kommen daher ausschließlich Konushähne zur Verwendung. Empfehlenswert ist, diese am tiefsten Punkt des Kessels an einem besonderen Flansch anzubringen, welcher nötigenfalls vollständig abgeschraubt wird, so daß eine ganz große, freie Abflußöffnung entsteht.

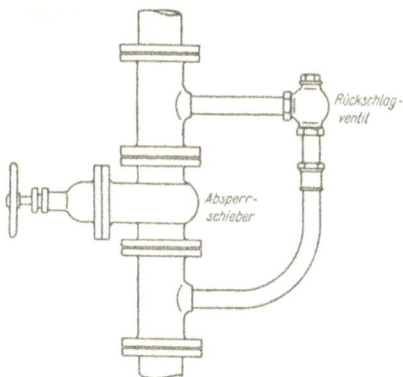

Abb. 9. Umgehung einer Warmwasserkessel-Absperrung mit Sicherung durch ein Rückschlagventil.

Für den Abfluß des ausgelassenen Wassers ist am besten eine durch Gitter geschützte Fußbodenentwässerung vorzusehen. Liegt der Boden tiefer als die Kanalisation, so soll eine kleine Grube mit Gitterschutz angelegt werden, aus welcher das Wasser durch eine Handpumpe oder durch einen Wasserstrahlapparat mit Anschluß an die Wasserleitung in einen in genügender Höhe befindlichen Ausguß gedrückt wird.

Verbrennungsregler sollen stets so angebracht sein, daß sie von der Temperatur des Heizwassers unmittelbar beeinflußt werden. Sie dürfen also ebensowenig wie die Thermometer in einen toten Winkel des Kesselwasserraumes gesteckt werden. Vorteilhaft ist die Anordnung in unmittelbarer Nähe des Vorlaufes. Bei Bauarten, welche den Anschluß an mehrere Stellen des Leitungsnetzes erforderlich machen, sollte der obere Anschluß mit dem Vorlauf, der untere mit dem Rücklauf der Heizung verbunden werden.

Verbrennungsregler haben bei Warmwasserheizungen nur dann einen Wert, wenn sie die Luftzufuhr am Kessel schon bei geringen Temperaturunterschieden, etwa 5°, vollständig öffnen bzw. schließen. Werden größere Temperaturschwankungen zugelassen, so genügt es, die Einstellung der Luftklappen durch Stellschrauben mit der Hand vorzunehmen. Zum Anheizen wird die Klappe doch unabhängig vom Regler ganz geöffnet, und für den eingeschränkten Nachtbetrieb verzichtet man ebenfalls auf seine Wirkung und schließt alle Öffnungen fast vollständig ab.

Bei größeren Anlagen mit mehreren Kesseln ist eine Absperrung derselben häufig erwünscht. Dichtschließende Absperrschieber bringen dadurch eine Gefahr, daß es nicht ausgeschlossen ist, daß bei geschlossenen Schiebern geheizt und dadurch eine sehr starke, unzulässige Druckerhöhung herbeigeführt wird. Es liegt dann die Möglichkeit sehr heftiger Explosionen vor. Hiergegen müssen Sicherheitsvorkehrungen getroffen werden.

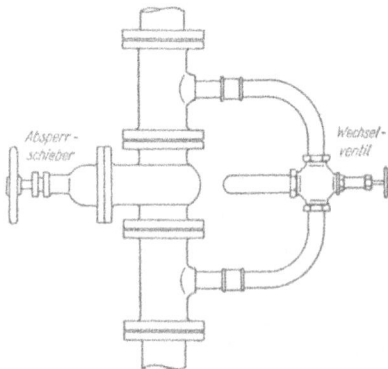

Abb. 10. Umgehung einer Warmwasserkessel-Absperrung mit Sicherung durch ein Wechsel-ventil.

Die bekannteste Vorrichtung dieser Art ist das Sicherheitsventil, welches bei Überschreiten des zulässigen Druckes geöffnet wird und den Wasserüberschuß abläßt. Jedes Sicherheitsventil muß, damit es dicht bleibt, von Zeit zu Zeit nachgeschliffen werden. Damit es sich nicht durch Kesselstein oder Schlammablagerung festsetzt, muß es öfters durch einen Anlüftehebel geöffnet werden. Beide Verrichtungen setzen voraus, daß das Ventil gut zugänglich angeordnet ist. Der Austritt des entweichenden Wassers darf unter keinen Umständen über solchen Teilen erfolgen, welche gegen warmes Wasser empfindlich sind. Es sollte deshalb stets eine Ableitung bis zu einem Abfluß mit Anschluß an die Kanalisation angebracht werden. Die Mündung der Leitung aber muß so liegen, daß sie jederzeit gut beobachtet werden kann.

Wegen der häufigen Undichtheiten und der damit verbundenen Wasserverluste sind die Sicherheitsventile nicht beliebt und werden nur sehr selten für Heizungskessel angewendet.

Ohne Wasserverluste wirken dagegen Rückschlagventile, welche in Umgehungsleitungen der Vorlaufabsperrschieber angebracht sind (Abb. 9) und bei richtigem Betrieb durch den Druck der Wassersäule in dem Rohrnetz geschlossen gehalten werden. Leider entzieht sich ihre Wirkung vollständig der Beobachtung, und häufig sind sie undicht, sperren also dann das Leitungsnetz nicht gegen den entleerten Kessel ab, oder sie sitzen fest und bieten dann nicht genügende Sicherheit gegen die Gefahr.

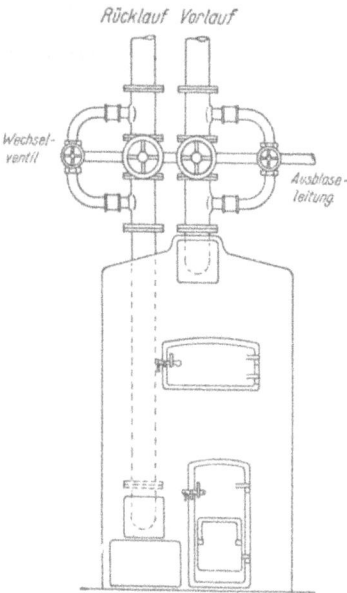

Abb. 11. Anordnung der Umgehungsleitungen für die Absperrungen in der Vorlauf- und Rücklaufleitung eines Warmwasserkessels mit Wechselventilen, entsprechend den preußischen Ministerialvorschriften.

Bis zu einem gewissen Grade werden die Gefahren, die in der schlechten Erhaltung der Vorrichtungen liegen, beseitigt, wenn man eine Umgehungsleitung des Vorlaufschiebers anbringt, in die ein Wechselventil eingeschaltet wird (Abb. 10). Durch dieses Wechselventil steht der Kessel dauernd entweder mit dem Leitungsnetz der Anlage oder mit einer offenen Ausblaseleitung in Verbindung. Beide Wege können nie verschlossen sein, und bei Undichtheit eines Abschlusses gibt es wohl Wasserverluste, aber keine Gefahr.

Ein preußischer Ministerialerlaß verlangt für jede Absperrung, also nicht nur für den Vorlauf, sondern auch für den Rücklauf solche Umgehungsleitungen mit Wechselventilen (Abb. 11). Diese Anordnung hat den wesentlichen Nachteil, daß nach Umschaltung nur eines Ventiles durch das andere Wasser aus der Anlage in den Kessel und von hier durch das bereits umgeschaltete Wechselventil ins Freie tritt, daß also erhebliche Wasserverluste entstehen, bis auch das zweite Ventil umgestellt ist. Um diese Verluste zu verringern, muß die Bedienungszeit nach Möglichkeit abgekürzt werden, und zu diesem Zwecke sollten die beiden Wechselventile für Vor- und Rücklauf dicht beieinander liegen. Das hat zur Voraussetzung, daß auch die Absperrschieber selbst nahe beisammen angeordnet werden, eine Forderung, welche besonders bei tiefliegender Hauptrücklaufleitung schwer durchzuführen ist.

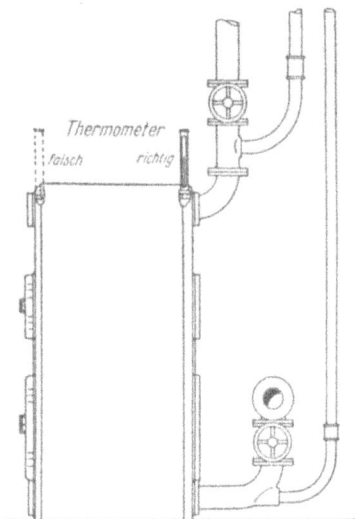

Abb. 12. Anordnung der offenen Sicherheits-Vorlauf- und Rücklaufleitungen bei absperrbaren Kesseln, entsprechend den preußischen Ministerialvorschriften.

Diese Schwierigkeiten werden durch eine andere Vorrichtung entsprechend einem späteren Erlaß mit Sicherheit vermieden. Jeder Kessel erhält danach eine von dem Leitungsnetz unabhängige, offene Vorlaufleitung bis zum Ausdehnungsgefäß, in dessen oberen Teil sie eingeführt wird, und eine an dem unteren Teil des Gefäßes bzw. des Kessels angeschlossene, etwas engere Rücklaufleitung (Abb. 12). Diese

Leitungen sind stets ordnungsmäßig betriebsfähig und bedürfen keinerlei Bedienung oder Wartung.

Unter keinen Umständen sollte sich aber der Monteur dazu verleiten lassen, irgendeine Anordnung in dieser Beziehung selbst zu treffen. Stets ist allein die Montagezeichnung maßgebend, welche gerade in diesen Punkten garnicht vollständig und ausführlich genug sein kann.

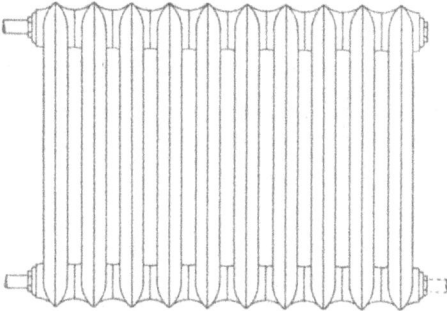

Abb. 13. Radiator mit einseitigem bzw. wechselseitigem Anschluß.
(Der letztere ist gestrichelt dargestellt.)

Bei den Heizkörpern ist besonders auf die Vermeidung von Luftsäcken innerhalb des Wasserstromes zu achten. Kleine Wassersäcke spielen hier keine große Rolle, da nach der Entleerung die Frostgefahr ohne Bedeutung ist. In den stets verhältnismäßig großen Räumen der Heizkörper kann sich das Eis genügend ausdehnen, ohne die Körper zu beschädigen.

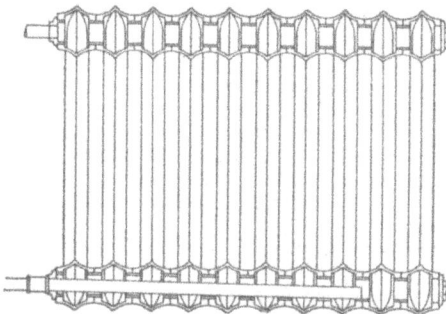

Abb. 14. Radiator mit einseitigem Anschluß und unterem Einsteckrohr.

Wird das Wasser in dem Heizkörper zwangläufig geführt, wie z. B. in Rohrschlangen oder Rippenheizkörpern aus sog. S-Elementen, so ist der Anschluß ohne Weiteres gegeben. Anders liegt die Sache bei Radiatoren oder Registern, in denen das Wasser beliebig strömen kann. Hier ist stets der diagonale Anschluß der beste, bei dem alle Wasserfäden angenähert gleich lang sind. Indes ist auch der einseitige Anschluß (Abb. 13) wenigstens bei kurzen Heizkörpern ohne Bedenken, denn beim Zurückbleiben eines Teiles kühlt sich das Wasser stärker ab, und es entstehen wie im ganzen Rohrnetz durch das verschiedene Gewicht der verschieden warmen Wassersäulen innerhalb des Körpers Wasserströmungen, welche die Ungleichheit der Wirkung ziemlich vollständig aufheben.

Die eine lange Anschlußleitung bei wechselseitigem Anschluß des Heizkörpers ist häufig recht lästig. Man kann sie umgehen durch ein „Einsteckrohr" beim Radiator (Abb. 14) und Benutzung einer Lage als Anschlußleitung beim Register (Abb. 15). Beim Radiator wird ent-

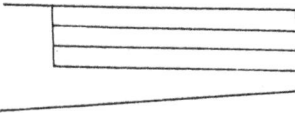

Abb. 15. Register aus glattem Rohr, dessen unterste Lage als Rücklaufrohr benutzt wird. Richtige Anordnung.

Abb. 16. Vergrößerung eines Luftsackes infolge der Erwärmung und Behinderung des Wasserumlaufes.

weder die Vorlaufleitung oder die Rücklaufleitung in den Körper hinein bis nahe an das letzte Glied verlängert. Da der Eintritt in den Radiator durch die Bohrung des Anschlußstopfens von vornherein festliegt, und das Rohr durch die vielen Nippelverbindungen hindurch frei hängt, lassen sich Luftsäcke beim Einsteckrohr im Vorlauf meist gar nicht vermeiden. Wenn diese auch bei der Füllung im kalten Zustande die Wasserbewegung nicht hindern würden, so treten erfahrungsgemäß doch Störungen ein, sobald das vorhandene Luftpolster sich erwärmt, ausdehnt und vor die Öffnung des Einsteckrohres legt (Abb. 16).

Bei der Anwendung im Rücklauf entsteht leicht ein Luftsack im Anschlußrohr, welches vom Heizkörper zum Strang hin mit Gefälle verlegt wird, im inneren aber nach der Öffnung zu tiefer liegt als an der Anschlußstelle. Eine kleine Anbohrung des Rohres nahe dem Austritt aus dem Heizkörper macht diesen Sack unschädlich, ihre richtige Anbringung und der ordnungsmäßige Zustand ist aber von außen her niemals zu erkennen.

Einsteckrohre sind also bei Warmwasserheizungen Hilfsmittel von geringer Tauglichkeit.

Register mit abgetrennter oberer oder unterer Lage müssen entweder mit verschiedenem Gefälle dieser Lage gegenüber den anderen oder genau horizontal verlegt werden, da sonst Luftsäcke und teilweises Zurückbleiben unvermeidlich sind (Abb. 17 u. 18).

Mit Rücksicht auf etwaige Instandsetzungsarbeiten an der Heizung oder an dem Gebäude sollen alle Heizkörper so mit den Leitungen verbunden werden, daß sie leicht ohne Zerstörung irgendwelcher Teile abzunehmen sind. Es sind also in die Anschlußleitungen stets lösbare Verbindungen einzuschalten. Dabei soll das Absperrventil nicht am Heizkörper, sondern an der Leitung sitzen bleiben, damit diese ohne weiteres abgeschlossen und in Betrieb gehalten werden kann.

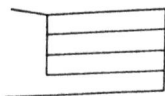

Abb. 17. Register aus glattem Rohr, dess. unterste Lage als Rücklaufrohr benutzt wird. Des besseren Aussehens wegen sind die oberen Lagen parallel der untersten mit Steigung verlegt. Es bildet sich am oberen Ende ein Luftsack, der die Erwärmung der obersten Lage verhindert. Bei der Entleerung bleibt in der vorletzten Lage auf der Eintrittsseite Wasser zurück.

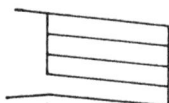

Abb. 18. Register aus glattem Rohr, dess. unterste Lage als Rücklaufrohr benutzt wird. Des besseren Aussehens wegen ist die unterste Lage parallel den oberen mit Steigung verlegt. Es bildet sich am Anschluß des Rücklaufes ein Luftsack, der die Erwärmung des ganzen Registers verhindert. Bei der Entleerung bleibt unten in der letzten Lage Wasser zurück.

Die gebräuchlichsten und besten lösbaren Verbindungen sind die Flanschen für Rippenheizkörper und die Kappverschraubungen oder Holländer für Radiatoren und andere Heizkörper mit Gewindeanschluß (Abb. 19 u. 20). Die Lösung soll ohne achsiale Verschiebung des

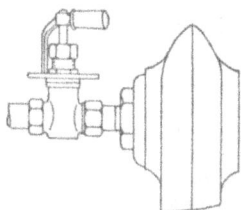

Abb. 19. Obere Radiatorverbind. mit Regulierhahn durch Kappverschraubung auf dem Hahn.

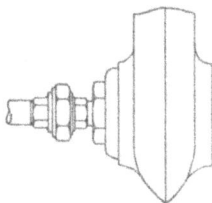

Abb. 20. Untere Radiatorverbind. durch Kappverschraubung in der Leitung.

Rohres möglich sein, da der Heizkörper erst nach der vollständigen Trennung entfernt werden kann und die Anschlußleitung nicht ohne Beschädigung des Mauerwerks an dem Austritt aus der Wand verschiebbar ist. Bei den Verschraubungen sollte deshalb die Konus- und die Kugeldichtung vermieden und nur Flachdichtung verwendet werden, welche auch den Vorteil hat, daß sie auch bei nicht vollständig genauer Verlegung der Rohre dicht zu machen ist, während die Konusverbindung gegen die geringste Ungenauigkeit außerordentlich empfindlich ist.

Außer den Flanschen und Verschraubungen sind auch noch die Langgewinde (Abb. 21) brauchbar, wenn auch wegen der Schwierigkeit ihrer Behandlung nicht ganz vollwertig, dagegen ist die Links- und Rechtsmuffe wegen der notwendigen Achsialverschiebung an dieser Stelle unzulässig.

Die Reguliervorrichtung, das Ventil oder der Hahn wird bei den Rippenheizkörpern am besten in die Mitte über den Heizkörper gesetzt, während bei Radiatoren die Anbringung an der Seite die Regel bildet, wo der Nippel der Ventilverschraubung unmittelbar in den Radiatorstopfen gesetzt werden kann. Sofern eine Verkleidung der Heizkörper beabsichtigt ist, sollte der Monteur nie versäumen, sich über die gewünschte Lage des Ventils von dem Bauleitenden genaue Angaben machen zu lassen.

Für die Führung der Rohrleitung gibt es zwei wesentlich voneinander verschiedene Anordnungen, welche durch die Bezeichnung obere bzw. untere Verteilung in der Hauptsache gekennzeichnet sind.

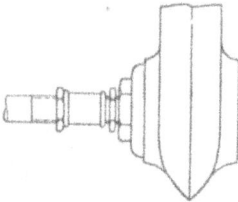

Abb. 21. Untere Radiatorverbindung mit Hilfe von Langgewinde. In den Radiator ist ein Doppelnippel eingeschraubt, auf dessen konisches Gewinde sich die Muffe des Langgewindes schiebt.

Bei der oberen Verteilung (Abb. 4 und 5) wird die ganze den Heizkörpern zufließende Wassermenge zunächst bis zum höchsten Punkte des Rohrnetzes geführt, dann durch die obere Verteilung den einzelnen Fallsträngen zugeleitet und geht nach Durchlaufen der Heizkörper zu der unteren Sammelleitung und durch diese zurück zur Kesselanlage.

Bei der unteren Verteilung (Abb. 3) liegt die Vorlaufleitung unterhalb des tiefststehenden Heizkörpers, das Wasser wird den Strängen von unten her zugeführt, steigt durch eine größere Anzahl solcher Stränge zu den Heizkörpern und gelangt, durch eine Rücklaufleitung abwärts fallend zu der in ungefähr gleicher Höhe mit dem Vorlauf liegenden Rücklaufsammelleitung und von dort zurück zu den Kesseln.

Bei der oberen Verteilung steigt das im Kessel erwärmte Wasser über die Heizkörper hinaus, während sich in den fallenden Teilen des Rohrnetzes noch vollständig kaltes Wasser befindet. Die Höhe der verschieden erwärmten Wassersäulen ist also beim Anheizen sehr groß, dazu ist der Temperaturunterschied zunächst ebenfalls viel größer als im Endzustand. Der Umtriebsdruck für den Wasserumlauf wächst also beim Anheizen zuerst weit über das Maß der Widerstände hinaus, und die Folge muß eine schnelle Zunahme der Wasserbewegung sein. Anlagen mit oberer Verteilung heizen sich daher immer leicht und schnell an. Ein zurückbleibender Strang hat, da der Steigestrang immer auf die Kesseltemperatur kommt, einen verstärkten Umtriebsdruck. Ungleichmäßigkeiten werden daher in weitem Maße von selbst ausgeglichen. Das Kaltbleiben ganzer Heizkörpergruppen gehört daher bei diesem System zu den äußersten Seltenheiten. Auch Montagefehler haben in der Regel dadurch nicht den ungünstigen Einfluß wie bei der unteren Verteilung.

Der Steigestrang wird möglichst nahe der Kesselanlage in die Höhe geführt, und sollte ohne Kröpfungen und Richtungsänderungen bis zum höchsten Punkt der Leitung gehen. Hier wird ein Abzweig zur Abführung der Luft gemacht, der zu dem Ausdehnungsgefäß führt und dort offen ausmündet. Die obere Verteilungsleitung wird zur Vermeidung von Luftsäcken mit ständigem Gefälle zu den einzelnen Strängen geführt. Da lediglich die gute Entlüftung maßgebend für dieses Gefälle ist, genügt schon ein ganz geringes Maß hierfür. Im allgemeinen nimmt man nicht mehr als 2 mm auf 1 m Rohrlänge an. Man darf dieses Maß aber ohne Schaden für die Wirkung der Anlage noch unterschreiten.

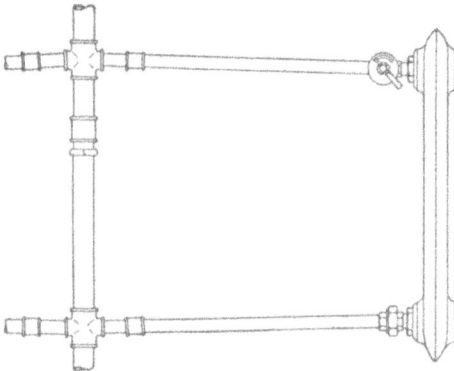

Abb. 22. Radiatoranschluß nach dem Einrohrsystem. In der Nähe der Formstücke befinden sich in allen Rohrstrecken Rechts- und Linksgewindemuffen, an dem Heizkörper Verschraubungen. Am Strang liegt nahe der Muffe eine Rohrschelle. Die Verbindung erfolgt ohne jede Rohrkreuzung in einfachster Weise.

Ist aus irgendeinem Grunde die Durchführung des Gefälles nicht möglich, muß die Leitung zur Umgehung eines Hindernisses einmal wieder hochgeführt werden, so ist an die höchste Stelle wieder eine Entlüftungsleitung anzuschließen, die unmittelbar oder mittelbar mit dem Ausdehnungsgefäß in ständig steigender Verbindung steht. Eine örtliche Entlüftung mit einem Lufthahn ist wohl möglich, wegen der Bedienungsschwierigkeiten aber nur als äußerster Notbehelf zu betrachten.

Im allgemeinen wird bei Neuanlagen dieser Fall kaum eintreten. Dagegen kann es vorkommen, daß eine Erweiterung durch Ausbau von Dachböden vorgenommen wird und die Heizkörper dann höher liegen als die Verteilung. Dann ist in der erwähnten Art eine besondere Entlüftungsleitung wohl angebracht (Abb. 4).

Für die Fallstränge, welche stets nur senkrecht abwärts führen oder auf kurze Strecken mit starkem Gefälle seitlich „geschleift" werden, gibt es zwei verschiedene Ausführungsformen.

Bei dem in Deutschland am meisten verbreiteten Zweirohrsystem (Abb. 4) führt von dem Vorlaufstrang zu jedem der Heizkörper eine Anschlußleitung, während der Rücklaufanschluß in eine zweite, die Rücklauffalleitung, führt. Sämtliche Heizkörper erhalten also Wasser von angenähert gleicher Temperatur.

Bei dem Einrohrsystem (Abb. 5) wird der Rücklauf der Heizkörper wieder in die gleiche Leitung geführt, das Wasser in dem tieferen Teil ist also kälter als in dem höheren, die tiefer gelegenen Heizkörper erhalten kälteres Wasser und müssen für die gleiche Leistung entsprechend größer gewählt werden. Damit bei Abstellung eines Heizkörpers nicht der ganze Strang ausgeschaltet wird, werden zwischen Vor- und Rücklaufanschluß „Kurzschlußstücke" eingeschaltet, welche das Wasser für alle übrigen Heizkörper fördern müssen. Der Vorteil der Anordnung ist die Einfachheit der Rohranordnung, die Vermeidung aller Rohrkreuzungen, ihr Nachteil die Abhängigkeit der Wirkung von der Zahl der tatsächlich in Betrieb befindlichen Heizkörper.

Unter allen Umständen hat sich der Monteur bei der Ausführung

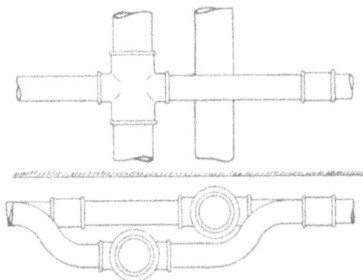

Abb. 23. Rohrkreuzung bei einem Radiatoranschluß nach dem Zweirohrsystem. Der Vorlaufstrang und der Rücklaufstrang sind verschieden weit von der Wand entfernt, nach der Kreuzung wird der eine Anschluß in die Ebene des anderen zurückgekröpft. Die Ausführung der Arbeit ist eine ziemlich einfache, die verschiedenen Entfernungen der Stränge von der Wand wirken sehr unschön.

der Leitungen genau nach der Montagezeichnung zu richten, und ohne ausdrückliche Anordnung des technischen Bureaus auf keinen Fall eine Abänderung vorzunehmen.

Die Anschlüsse an die Heizkörper werden bei jeder der Ausführungen mit schwachem Gefälle in Richtung der Wasserbewegung verlegt (Abb. 22). Der Vorlauf liegt also am Strang höher, der Rücklauf tiefer als am Heizkörper selbst. Auch hier genügen 2 mm auf 1 m Länge vollständig. Da aber hier ein Sparen selten notwendig wird, gibt man gern ein größeres Gefälle, besonders dann, wenn die Leitung unsichtbar ver-

legt wird. Zu beachten ist, daß sich der Strang durch die Wärme ausdehnt und sich die Anschlußpunkte etwas verschieben. Man muß damit
rechnen, daß von der festen Stützung ab auf je 1 m Höhe etwa 0,5 mm
Dehnung kommen, daß also eine 10 m über der Stützung befindliche
Anschlußstelle im warmen Zustande 5 mm höher liegt als bei der Montage. Etwa durch die Hebung entstehende Wassersäcke sind vollständig
unschädlich, die Bildung von Luftsäcken ist nur dann zu befürchten,
wenn die Stützung des Stranges oben erfolgt und die Ausdehnung
nach unten geht.

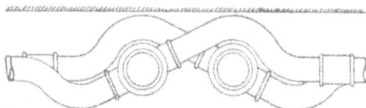

Abb. 24. Rohrkreuzung bei einem Radiatoranschluß nach dem Zweirohrsystem. Die Stränge liegen gleichweit von der Wand entfernt; zur Ermöglichung der Kreuzung sind die Formstücke etwas schräg gestellt. Sämtliche
Anschlüsse müssen in sehr unschöner Weise stark gekröpft werden. Die
Ausführung der Arbeit ist sehr umständlich, die Kreuzungsstellen wirken
sehr unschön.

Einer der schwierigsten Punkte sind die Kreuzungen der Anschluß-
leitungen mit dem Strang. Sie fallen bei dem Einrohrsystem fort
(Abb. 22), und das wird von den Anhängern dieser Ausführung als ein
Hauptgrund gegen das Zweirohrsystem angeführt. Das Bild eines Ein-

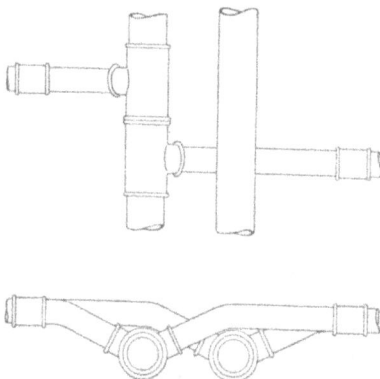

Abb. 25. Rohrkreuzung bei einem Radiatoranschluß nach dem Zweirohrsystem. Die Stränge liegen gleichweit von der Wand entfernt, zur Ermöglichung der Kreuzung sind an Stelle der Kreuzstücke je zwei T-Stücke übereinander gebaut, welche etwas schräg gestellt werden. Sämtliche Anschlüsse
müssen gekröpft werden, die Kröpfung ist aber einfacher als die bei Abb. 24.
Die Anschlußleitungen erhalten verschiedene Gefälle oder auch in senkrechter Richtung eine Kröpfung. Bei sorgfältiger Ausführung kann die
äußere Wirkung ganz gefällig sein.

rohranschlusses mit zwei Heizkörpern in gleicher Höhe gestaltet sich sehr einfach nach Abb. 22. Die Verwendung zweier übereinander gesetzter T-Stücke an Stelle des Kreuzstückes ist bei sorgfältiger Durchführung der Berechnung der Anlage nicht erforderlich und stört das äußere Bild ganz erheblich.

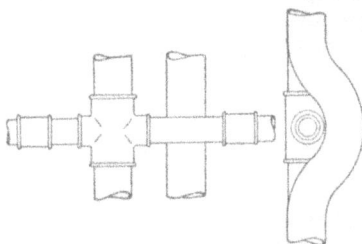

Abb. 26. Rohrkreuz. bei einem Radiatoranschluß nach dem Zweirohrsystem. Die Stränge liegen gleichweit von der Wand entfernt, alle Formstücke sind gerade gestellt, jeder der Stränge wird um einen Anschluß des anderen herumgekröpft. Bei nicht zu starken Strängen ist diese Ausführung leicht herzustellen und wirkt sehr gut. Bei starken Strängen ist die Ausführung schwierig, wenn nicht unmöglich, besonders wenn der Rücklaufabzweig sehr dicht am Fußboden liegt.

Für das Zweirohrsystem ergeben sich folgende Möglichkeiten: Die einfachste Lösung der Kreuzung bildet die nach Abb. 23. Die Stränge werden nicht in die gleiche Ebene parallel zur Wand verlegt, sondern der Vorlauf beispielsweise dichter an die Wand als der Rücklauf. Dann ist es ohne Kröpfung im Vorlauf möglich, mit den Anschlüssen an dem Strang vorbeizukommen. Die Montage ist sehr einfach, aber auch sehr unschön.

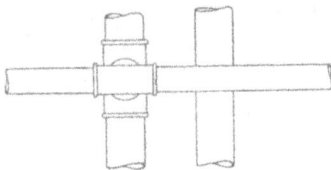

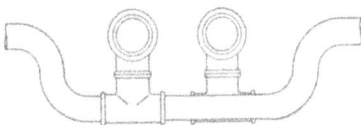

Etwas besser schon ist die Anordnung nach Abb. 24, bei welcher die Formstücke schräg gestellt und die Anschlüsse nach Überwindung der Kreuzungsstelle in die Rohrebene zurückgekröpft werden. Besonders dann, wenn nur ein Heizkörper anzuschließen ist, wird diese Art sehr gern gewählt. Bei starken Anschlußleitungen wirkt sie aber auch sehr unschön, besonders wenn sie nicht mit äußerster Sorgfalt hergestellt wird.

Abb. 27. Rohrkreuzung bei einem Radiatoranschluß nach dem Zweirohrsystem. Die Stränge liegen gleichweit von der Wand entfernt. Durch Voreinandersetzen von zwei T-Stücken wird der Anschluß aus der Ebene der Stränge herausgezogen, die Anschlußleitungen selbst nach der Kreuzung rückwärts gekröpft. Die Ausführung der Arbeiten ist einfach und wirkt bei sorgfältiger Durchführung schön.

In etwas verringertem Maße trifft das auch für die Ausführung nach Abb. 25 zu. Hier kommt als Nachteil die Verwendung zweier aneinander genippelter T-Stücke hinzu.

Im allgemeinen die beste Lösung zeigt Abb. 26, bei welcher das Rohr des Stranges um den Anschluß vom anderen Strang herumgekröpft ist. Die Ausführung erfordert große Sorgfalt gerade bei der Kröpfung, damit die Rohre sich nicht später bei der Ausdehnung aneinander reiben, eine Möglichkeit, welche zu ständigen Geräuschen bei Temperaturänderungen führen muß. Bei starken Rohren, schon bei 1¼″ wirkt sie leicht plump.

Vollständig vermieden werden alle diese Schwierigkeiten bei der Ausführung nach Abb. 27. Der Abzweig vom Strang für beide Heizkörper zusammen wird nach vorn gesetzt, davor wird quer ein zweites T-Stück genippelt, und die Anschlüsse liegen jetzt genügend weit vor den glatt durchgeführten Strängen. Unmittelbar hinter dem Formstück werden alle Anschlüsse gleichmäßig nach hinten in die Strangrohrebene gekröpft. An Stelle der zwei voreinandergesetzten T-Stücke werden seit einiger Zeit besondere ,,Anschluß-Kreuzstücke" hergestellt, welche beide Teile zusammen in einem Stück ohne Nippel enthalten und weiter den Vorteil bieten, daß sie nicht so stark aus der Strangebene herausspringen.

Abb. 28—33. Reduktionen der Rohrdurchmesser durch Reduktionsflanschen. Oben falsch angeordnete Exzentrizität. Ebenso wie bei der mittleren, zentrischen Anordnung bleiben links in dem weiteren Rohr Luftsäcke, die bei Erwärmung zu Umlaufstörungen Anlaß geben können, rechts bleibt bei der Entleerung Wasser zurück, das Verrostungserscheinungen bewirken kann. — Unten richtige Exzentrizität. Rechts Anordnung für den Vorlauf bei oberer Verteilung mit Gefälle, links für die Kellerleitungen (Rücklauf für alle Warmwassersysteme und Vorlauf bei unterer Verteilung) mit Steigung von der Kesselanlage aus. Es ist zur Bildung weder von Luftsäcken noch von Wassersäcken Gelegenheit gegeben.

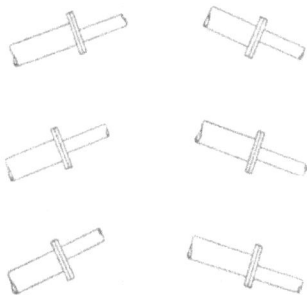

Die Hauptrücklaufleitung liegt meist an Kellerdecke, seltener über dem Fußboden oder in Fußbodenkanälen. Sie wird von den Strängen mit dem gleichen schwachen Gefälle nach dem Kessel zu verlegt. Kommt sie dabei tiefer als der Anschluß am Kessel, so kann sie ohne Bedenken wieder mit Steigung verlegt werden, wobei nur darauf zu achten ist, daß kein Luftsack entsteht und daß am tiefsten Punkte eine Entleerungsmöglichkeit vorgesehen wird.

Bei Veränderung des Durchmessers der Leitungen werden stets excentrische Reduktionen verwendet. Diese sind beim Vorlauf der oberen Verteilung nach unten excentrisch, damit auch der letzte Wassertropfen aus der Leitung abfließen kann, während sie im Rücklauf mit Rücksicht auf sonst entstehende Luftsäcke nach oben excentrisch zu verlegen sind (Abb. 28 bis 33).

Es ist stets vorteilhaft, wenn mehrere Kessel vorhanden sind, die Rücklaufleitung oberhalb der Kessel zu legen, und von dort die einzelnen Kessel durch fallende Rohre anzuschließen, die Kessel „in einen Sack zu legen" (Abb. 4). Bei Nichtbenutzung eines Kessels wird dieser dann nicht durch die beheizten angewärmt, da der Umtriebsdruck zur Einleitung der Wasserbewegung nicht vorhanden ist. Bei tiefliegender Sammelleitung (Abb. 5) entsteht der Druck, der infolge der großen Rohrweiten nur sehr gering zu sein braucht, schon durch die Abkühlung in den Rohren selbst.

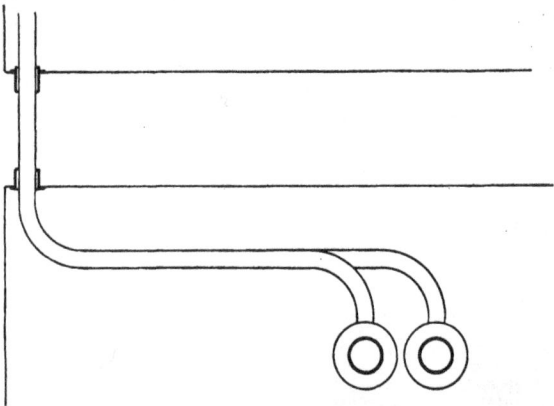

Abb. 34. Anordnung von Strangabzweigen bei unterer Verteilung mit nebeneinanderliegenden Hauptrohren. Zur Ermöglichung der Kreuzung müssen die Abzweige oben abgenommen und mindestens zweimal gebogen werden. Dadurch ist man gezwungen, die Hauptleitung ziemlich weit unterhalb der Decke anzuordnen. Zur Ermöglichung der Ausdehnung infolge der Erwärmung ohne Erzeugung zu starker Biegungsspannungen wird die Verteilungsleitung reichlich seitlich von dem Strang angeordnet.

Bei der Verlegung der gesamten Leitungen muß auf die Ausdehnung durch die Erwärmung weitgehende Rücksicht genommen werden. Die Rohre müssen soweit beweglich gelagert werden, daß keine unzulässigen Beanspruchungen in irgendeinem Teile entstehen können. Die Verteilungs- und Sammelleitung wird aus diesem Grunde fast stets lose pendelnd aufgehängt, so daß alle Punkte dem Schube durch die Dehnung frei folgen können. Durch den Entwurf der Anlage muß dafür gesorgt sein, daß auch die unvermeidlichen festen Punkte bei dieser Bewegung keine zu großen Formänderungskräfte hervorrufen. Deshalb müssen sie mit den bewegten Teilen federnd verbunden werden, etwa dadurch, daß je nach dem Durchmesser ein kürzeres oder längeres Stück mit seitlicher Bewegung eingeschaltet wird (Abb. 34, 35).

Die Stränge werden meist durch die Aufhängung der Verteilung gegen eine Verschiebung in dieser Richtung gesichert, die Dehnung des

Vorlaufes bei oberer Verteilung erfolgt also in der Regel nach unten, die des Rücklaufes nach oben. Die Rohre werden durch Rohrschellen gehalten, welche ein seitliches Ausweichen nur in ganz verschwindend geringem Maße gestatten. Der Vorlaufstrang wird daher in der Regel bei der Erwärmung nach unten, der Rücklaufstrang nach oben wandern. Damit er hier kein Hindernis durch Anschlagen von Formstücken gegen die Schellen findet, sollen diese im kalten Zustande beim Rücklauf möglichst dicht unter einem Abzweig, einer Muffe usw., beim Vorlauf in genügender Entfernung darunter, niemals unmittelbar darüber liegen. Die Anschlüsse müssen ohne Bewegung der Heizkörper der Strangdehnung nachgeben können, also federnd und mithin in genügender Länge angeordnet werden. Eine unmittelbare Verbindung von Strang mit dem Ventil und dem Heizkörper ist also unter allen Umständen fehlerhaft.

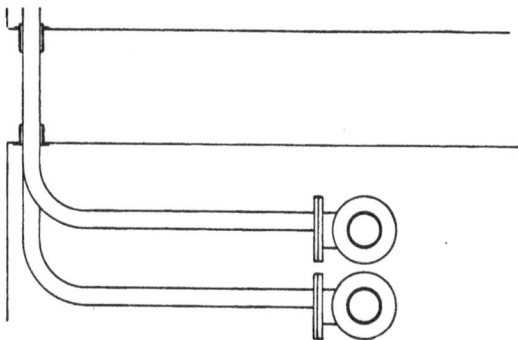

Abb. 35. Anordnung von Strangabzweigen bei unterer Verteilung mit übereinander liegenden Hauptrohren. Der Anschluß an den Strang ist einfach, die obere Hauptleitung liegt ziemlich nahe an der Decke, der Höhenbedarf ist daher nicht viel größer als bei der Anordnung nach Abb. 24.

Werden bei besonders hohen Gebäuden die Stränge so hoch, daß die Dehnung nicht mehr durch die Federung der Heizkörperanschlüsse aufgenommen werden kann, so muß etwa durch Schleifenführung des Stranges die Längenänderung eines Teiles des Stranges unschädlich gemacht und der Strang dann von neuem gestützt werden, derart, daß die einzelnen Teile unabhängig voneinander in der Ausdehnung arbeiten.

Bei größeren Anlagen werden öfters Strangschieber vorgeschrieben, damit es möglich ist, bei Änderungs- oder Instandsetzungsarbeiten nur einen kleinen Teil auszuschalten, während der größte Teil in Betrieb gehalten wird. Solche Strangschieber müssen, damit sie bedient werden können, stets gut zugänglich und durch sehr deutliche Schilder genau bezeichnet sein. Ungenügende Bezeichnung hat zur Folge, daß die zusammengehörigen oberen und unteren Schieber nicht leicht herausgefunden und daher gar nicht benutzt werden.

Bei Verkettung der Vorlauf- und Rücklaufstränge sind Strang
schieber zwecklos, da durch die Heizkörperanschlüsse der nicht abge-
sperrte Strang mit dem abgesperrten in Verbindung stehen würde (Abb. 4).

Zur Entleerung werden erst beide Schieber geschlossen, dann der
Lufthahn oben und schließlich der Entleerungshahn unten geöffnet.
Nur auf diese Weise werden unnütze Wasserverluste vermieden und
die Möglichkeit gegeben, das abgelassene Wasser restlos an eine Stelle
zu leiten, an welcher es keinen Schaden anrichtet.

Bei der Wiederfüllung wird nach Schließung des Lufthahnes und
der Entleerung der untere Schieber langsam geöffnet, damit das unter
dem Druck der ganzen Anlage stehende Wasser nicht zu schnell in die
unteren Heizkörper tritt und hier womöglich Luftpolster abschneidet,
dann der Lufthahn oben ein wenig geöffnet, und erst, wenn Wasser
kommt, wieder geschlossen, dann nach einigen Minuten nochmals geöffnet, wobei häufig wieder Luft austritt, usw., bis beim Öffnen sofort
Wasser kommt. Erst dann wird der obere Schieber geöffnet, denn
bis dahin ist keine Gewähr dafür vorhanden, daß nicht doch Luft zurück-
bleibt, die den Wasserumlauf behindert. Eine Füllung des Stranges von
oben ist unter allen Umständen fehlerhaft und führt notwendigerweise
zu schweren Störungen im Betrieb.

Bei der unteren Verteilung (Abb. 3) wächst der Umtriebsdruck
zunächst nur, bis das warme Wasser zu der meist in großer Nähe der
Kessel liegenden Verteilung gelangt ist. Erst wenn der erste Strang erreicht ist, und seine Erwärmung beginnt, geht die Steigerung des
Druckes weiter, und zwar immer nur für die Stränge, welche bereits
warm werden.

Sind einige Stränge im Verhältnis zur Verteilung reichlich be-
messen und bieten keinen entsprechenden Widerstand, so kann es
vorkommen, daß die ganze, durch die Verteilung zugeführte Wassermenge von einigen Strängen verbraucht wird, ehe die letzten Stränge
überhaupt warmes Wasser erhalten. In diesem Falle ist es unmöglich,
alle Stränge richtig warm zu bekommen, ja, es kommt sogar vor, daß
die zuerst erwärmten Teile Wasser aus den anderen herausholen, derart, daß hier der Rücklauf, wenn auch nur mäßig warm wird. Solcher
„verkehrter" Umlauf kommt bei knapp bemessenen Verteilungen,
besonders bei sehr niedrigen Kellerräumen oft genug vor. Eine Verstärkung der kaltbleibenden oder verkehrt gehenden Stränge ist vollständig zwecklos. Nur auf Grund genauer Rechnung vom Ingenieur
vorgenommene Verstärkung der Verteilungsleitung führt zum Ziele.

Die Vor- und Rücklaufleitungen werden bei der unteren Verteilung
in der Regel gleichlaufend an der Kellerdecke angebracht. Werden sie
in gleicher Höhe montiert, so ergibt das besonders bei stark verzweigten
Rohrnetzen an den Abzweigstellen von Hauptleitungen schwierige und
unschöne Kreuzungen (Abb. 34). Man sollte deshalb — und auch wegen
des leichteren Anheizens — den Rücklauf immer unterhalb des Vorlaufes
legen (Abb. 35). Bei einer Anordnung in gleicher Höhe muß man sich
unter allen Umständen über jede Kreuzung vor Ausführung der Arbeit
ein genaues Bild machen, damit nicht plötzlich unlösbare Schwierigkeiten entstehen.

Um das Anheizen zu erleichtern, soll man von der Kesselanlage möglichst schnell bis nahe an die Kellerdecke steigen und dann mit mäßiger Steigung die Verteilung bis zu den Strängen führen. Luft- und Wassersäcke sind zu vermeiden!

Bei sehr ausgedehnten Anlagen und auch bei sehr geringer Keller- höhe würde ein ständiges Steigen dazu führen, daß in der Nähe der Kes- sel der Durchgang durch die Rohre behindert wird. In einem solchen Falle kann von der Regel der ständigen Steigung abgegangen und ein Wechsel von Steigen und Fallen durchgeführt werden. Es ist dann aber darauf zu achten, daß von jedem höchsten Punkt eine Leitung, etwa ein Steigestrang abgeht, welcher die Entlüftung in vollkommener Weise bewirkt, und daß an den tiefen Punkten leicht zugängliche Ent- leerungen angebracht werden.

Reduktionen werden in den steigenden Teilen excentrisch nach oben, in den fallenden excentrisch nach unten gelegt (Abb. 28—33).

Die Verbindung der Stränge mit der Verteilung soll federnd er- folgen, da die Stränge feste Punkte bilden, gegen welche sich die Ver- teilungsleitung verschieben muß. Die Hauptleitung ist daher nie ganz unter die Stränge zu legen, sondern stets etwas seitlich, je nach der Stärke des Stranges 0,5—2,0 m. Der Abzweig erfordert bei nebeneinan- derliegenden Leitungen eine Kreuzung, welche am besten gemäß Abb. 34 ausgeführt wird. Bei untereinanderliegenden Leitungen ge- schieht die Abnahme in einfachster Weise nach Abb. 35.

Für die Stränge und die Heizkörperanschlüsse gilt sinngemäß genau das Gleiche wie bei der oberen Verteilung.

Zur Entlüftung des am oberen Ende entstehenden Luftsackes wird an den höchsten Punkt eine Luftleitung angeschlossen (Abb. 3). Diese kann entweder auf die Vorlaufleitung gesetzt oder, wenn die An- schlüsse der obersten Heizkörper mit Steigung verlegt sind, an die Heiz- körper selbst angeschlossen werden. Dabei ist besonders darauf zu achten, daß nicht eine Vorlaufentlüftung mit einer Heizkörperentlüftung durch eine unter Wasser stehende Luftleitung verbunden wird, da sonst bei Absperrung des Heizkörpers dieser durch die Luftleitung erwärmt wird, also nicht ausschaltbar ist. Sind solche Verbindungen in be- sonderen Ausnahmefällen nicht zu vermeiden, so ist die Absperrung der Heizkörper in deren Rücklauf zu setzen.

Die Luftleitungen werden zusammengeführt und in das Ausdeh- nungsgefäß geleitet. Es sind dabei zwei verschiedene Ausführungs- formen möglich: Bei ständiger Steigung und vollständiger Wasserfüllung tritt in der Luftleitung ebenfalls ein wenn auch nur geringer Wasser- umlauf ein, diese wird warm, ist zwar gegen Einfrieren geschützt, führt aber bei Nachlässigkeit in der Rohrberechnung leicht zu Umlaufstörun- gen in der eigentlichen Verteilungsleitung. Deshalb wird sie vielfach vor der Verbindung mit der Ausdehnungsleitung nochmals abwärts geführt (Abb. 3), so daß bei vollständiger Dichtheit hier ein Luftsack bestehen bleibt, welcher den unbeabsichtigten Umlauf sicher ver- hindert. Es muß alsdann darauf geachtet werden, daß die wasserführen- den Teile der Leitung unbedingt frostfrei liegen, und die Größe des Sackes muß derart sein, daß auch wirklich kein Wasser in die Verbindung der Stränge tritt. Ein solcher Sack sollte deshalb nie niedriger als 1 m gemacht werden.

Die geringste Undichtheit, welche gegenüber der Luft auch dann bestehen kann, wenn alle Verbindungen vollständig wasserdicht sind, führt aber doch zu einem allmählichen Entweichen der Luft, man sagt dann, die Leitungen schlagen durch. Störungen sind in diesem Falle ebensowenig ausgeschlossen wie bei den stets wassergefüllten und erwärmten Leitungen. Vollständige Sicherheit gegen das Durchschlagen bieten auch bei sorgfältigster Montageausführung nur solche Luftleitungen, welche höher liegen als das Ausdehnungsgefäß, und diese sind unter allen Umständen in den steigenden Teilen dem Einfrieren ausgesetzt.

Die Anwendung von Strangabsperrungen setzt die gleichen Bedienungsmaßnahmen voraus wie bei der oberen Verteilung. Liegt die Luftleitung trocken, d. h. höher als das Ausdehnungsgefäß, so ist eine obere Absperrung nicht erforderlich. Bei tiefer liegender Luftsammelleitung muß auch der Entlüftungsstrang mit einer Absperrung versehen werden, die ebenso sorgfältig bezeichnet werden muß, wie die Schieber bei der oberen Verteilung.

Das Wasser, welches kalt in die Heizungsanlage gefüllt wird, und sich auch während der Betriebsunterbrechungen stets abkühlt, nimmt nach der Erwärmung einen größeren Raum ein. Es entsteht also ein Wasserüberschuß, welcher ohne Gefahr für die Anlage abgeführt, bei der Abkühlung aber selbsttätig wieder zurückgeleitet werden muß. Man ordnet deshalb an dem höchsten Punkt der Anlage ein offenes Gefäß, das Ausdehnungsgefäß oder Expansionsgefäß an, welches kalt nur bis zum Boden voll Wasser steht, aber groß genug ist, um den bei stärkster Erwärmung auftretenden Wasserüberschuß aufzunehmen.

Über die Art und Stärke der Verbindung dieses Ausdehnungsgefäßes mit der Anlage gibt es eine Reihe von behördlichen Bestimmungen, welche in den verschiedenen Landesteilen verschieden sind, entsprechend dem Grade der Sicherheit, welche die verschiedenen zuständigen Behörden für das Wohl der Benutzer einer Warmwasserheizung für erforderlich erachteten. Jede Änderung gegenüber der Montagezeichnung ist deshalb unbedingt zu vermeiden!

Das Ausdehnungsgefäß soll, damit alle Leitungen sicher mit Wasser gefüllt werden, mit seiner Unterkante im allgemeinen mindestens 1 m über dem höchsten Entlüftungspunkt der Anlage stehen. In besonderen Ausnahmen, die aber möglichst zu vermeiden sind, kann man auf 0,5 m herunter gehen.

Zur Abführung etwa zu viel eingefüllten Wassers dient ein Überlauf, der von dem oberen Teil des Gefäßes offen in einen Ausguß oder in die Dachrinne führt. Die Rückleitung in das Kesselhaus wird mitunter verlangt, ist aber für die Sicherheit nicht erforderlich. Dagegen muß eine Vorrichtung angebracht werden, die jederzeit die Wasserfüllung erkennen läßt. Früher verwendete man die Signalleitungen, die vom Ausdehnungsgefäß etwa in der Mitte der Höhe bis zum Kesselhaus führen, und hier eine Absperrung erhalten. Andauerndes Abfließen von Wasser bei Öffnen der Absperrung, des Signalhahnes zeigt genügende

Füllung des Systemes an, während bei Wassermangel nur gerade der Inhalt der Signalleitung herauskommt. Jetzt werden wegen der Wasserverluste die Hydrometer bevorzugt, das sind Manometer, welche den Wassersäulendruck und dadurch mittelbar die Höhe der Wassersäule anzeigen.

Bei der Inbetriebsetzung einer Anlage ist besonders darauf zu achten, daß die Füllung langsam von unten her geschieht. Schnelles Füllen gibt Anlaß zur Bildung von Luftpropfen, die später nicht mehr herauszubekommen sind und schwere Störungen hervorrufen. Das Anheizen soll zunächst nur mit einem Kessel — auch wenn mehrere vorhanden sind — und bei ganz mäßiger Temperatur des Wassers erfolgen. Nur bei Temperaturen bis allerhöchstens 50⁰ — besser bleibt man bei 40⁰ — kann man die Gleichmäßigkeit des Wasserumlaufes einigermaßen richtig beurteilen, und etwa notwendige Regulierung der Absperrvorrichtungen vornehmen. Bei höheren Temperaturen versagt auch bei größter Übung das Gefühl. Wenn der Probebetrieb mit geringer Temperatur ein gutes Arbeiten des Rohrnetzes ergeben hat, steigert man die Wassertemperatur nötigenfalls durch Anheizen mehrerer Kessel und treibt sie zweckmäßig bis zum Überkochen der Anlage. Eine mehrmalige Wiederholung nach erfolgter Abkühlung ist eine bessere Prüfung für die Dichtheit der Anlage als kalter Probedruck selbst auf die höchsten zulässigen Spannungen.

Die Etagen-Warmwasserheizung. Eine besondere Ausführungsform der Niederdruck-Warmwasserheizung mit oberer Verteilung bilden die sog. Etagen-Warmwasserheizungen (Abb. 36). Bei

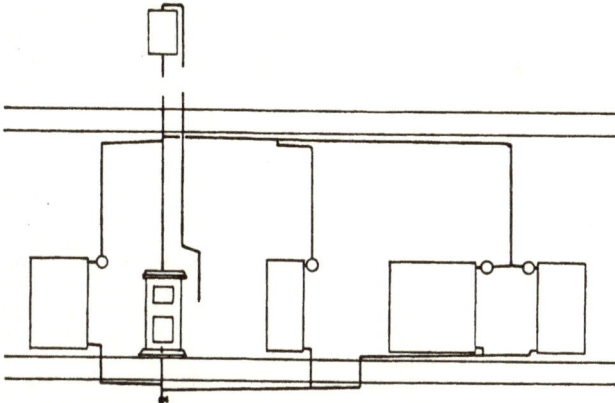

Abb. 36. Schematische Darstellung einer Etagen-Warmwasser-Heizung. Kessel und Heizkörper liegen angenähert in der gleichen Höhe, die Verteilung erfolgt von oben durch die im beheizten Geschoß an Decke liegende Vorlaufleitung, der Rücklauf liegt teils über Fußboden, teils unter Decke des tiefer liegenden Geschosses. Das Ausdehnungsgefäß liegt in einem höheren Geschoß, der Überlauf wird zum Kessel zurückgeführt.

diesen steht der Kessel in gleicher Höhe mit den Heizkörpern, und zur Bildung des Umtriebsdruckes steht nur die Abkühlung des Wassers in den Leitungen selbst zur Verfügung. Eine verhältnismäßig starke Wärmeabgabe derselben ist also Voraussetzung für das richtige Arbeiten dieser Anlagen, und deshalb werden sie nicht gegen Wärmeverluste geschützt. Der Umfang solcher Heizungen ist stets sehr klein, die Ausführung in der Regel sehr einfach. Der Vorlauf liegt an Decke der beheizten Wohnung, der Rücklauf an der Decke des darunter befindlichen Geschosses.

Man hat es wohl versucht, die Rücklaufleitung ebenfalls hoch zu legen, und mit dieser Anordnung bei besonders kleinen Anlagen auch insofern Erfolg gehabt, als man sie mit sehr hohen Temperaturen zum Angehen bringen kann. Bei niedrigen Temperaturen zu Beginn versagen sie aber sehr leicht, und ein einmal abgestellter und kalt gevordener Heizkörper wird nur dann wieder warm, wenn die ganze Anlage neu angeheizt wird.

Die Schwerkraft-Mitteldruck-Warmwasserheizung. Diese unterscheidet sich von der Niederdruck-Warmwasserheizung dadurch, daß die Anlage beim Ausdehnungsgefäß nicht unter dem Druck der Atmosphäre, sondern unter dem eines Sicherheitsventiles steht. Es ist daher möglich, die Wassertemperatur erheblich über den normalen Siedepunkt zu steigern, ohne daß Dampfbildung in der Anlage eintritt, und mit wesentlich geringeren Heizflächen auch unter sonst gleichen Bedingungen die Räume genügend zu erwärmen. In der Regel wählt man auch gleichzeitig einen größeren Temperaturunterschied zwischen Vor- und Rücklauf und gelangt damit zu einer engeren Rohrleitung, als für die gleiche Leistung bei einer Niederdruck-Warmwasserheizung.

Das Sicherheitsventil ist bei dem gewöhnlichen Betrieb der Beobachtung und der Aufsicht der Bedienung entzogen, und es müssen deshalb an seine Zuverlässigkeit und Haltbarkeit besonders hohe Ansprüche gestellt werden. Als die beste Ausführungsform hat sich die mit unmittelbarer Gewichtsbelastung der Spindel, ohne Hebelübersetzung erwiesen. Die Spindelführung muß sehr lang sein, damit kein seitliches Abpressen und Ecken stattfinden kann.

Bei der Abkühlung der Anlage muß das durch das Sicherheitsventil herausgetriebene Wasser auch wieder in die Anlage treten können. Es wird deshalb im Ausdehnungsgefäß gesammelt und durch ein unter dem niedrigsten Wasserstand liegendes, nach dem System zu sich öffnendes Rückschlagventil wieder angesaugt, sobald der Druck dort unter den der Atmosphäre sinkt. Eine konstruktive Vereinigung des Sicherheitsventils mit dem Rückschlagventil ist als „Mitteldruck-Wasserheizungs-Expansionsventil" in den Handel gekommen, wird heute aber nur noch von wenigen Armaturenfabriken hergestellt.

Die Mitteldruck-Warmwasserheizung unterscheidet sich von der Niederdruck-Warmwasserheizung grundsätzlich in keiner Weise. Alle dort gegebenen Regeln und Maßnahmen gelten sinngemäß in gleicher Weise auch hier. Zu beachten ist hier der erhöhte Druck, in der Regel bis zu 5 Atmosphären am Ventil, und die höhere Temperatur mit der daraus folgenden stärkeren Dehnung der Teile bei der Erwärmung, die allerdings selten über 120 bis 130° getrieben wird.

Wegen des hohen Druckes ist die Verwendung von Gußkesseln nicht zu empfehlen, auf jeden Fall nicht, ohne die Kesselfirma ausdrücklich darauf aufmerksam gemacht und besondere Gewähr verlangt zu haben. Auch bei den Heizkörpern ist äußerste Vorsicht notwendig, und die Verbindung der Radiatorglieder auf alle Fälle dem hohen Druck entsprechend nach den Vorschlägen der Radiatorfabriken mit Klingeritscheiben oder ähnlichen Dichtungen vorzunehmen. Die Rohrverbindungen sind mit äußerster Sorgfalt herzustellen und nur hochwertiges Material zu verwenden.

Wegen der höheren Temperatur ist auf die Unverbrennlichkeit aller Teile, besonders der Dichtungen und Packungen sowie auf die besonders gute Ausdehnung zu achten.

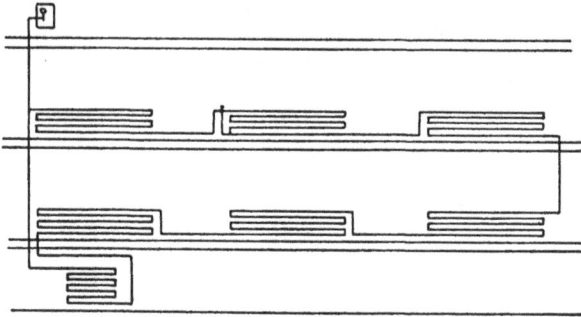

Abb. 37. Schematische Darstellung einer Heißwasser-Heizung (Perkinsheizung). Die ganze Anlage besteht aus einem einzigen Rohrzug, der teilweise zur Wärmeaufnahme (Kesselschlange), teils zur Fortleitung und zum größten Teil zur Wärmeabgabe an die Räume dient. Alle Teile sind hintereinander geschaltet ohne Rücksicht auf Gefälle. Eine Ausschaltung ist nur durch Einschaltung einer Umgehung möglich mittels eines Dreiweghahnes (oben, Mitte). Ausdehnung in ein offenes Gefäß mit Saug- und Druckventil.

Die Heißwasserheizung (Perkinsheizung) oder Hochdruckwasserheizung. Die Heißwasserheizung unterscheidet sich in ihrem ganzen Aufbau und in ihrer Ausführung vollständig von der Warmwasserheizung (Abb. 37 u. 38). Sie ist zwar ebenfalls vollständig mit Wasser gefüllt, und die Wärmeübertragung von der Feuerstelle zu den einzelnen Verbrauchsstellen erfolgt ebenfalls durch das in dem Rohrnetz umlaufende Wasser. An Stelle des Kessels, des verzweigten Rohrnetzes und der Heizkörper tritt aber ein fortlaufender Rohrzug ohne jeden Abzweig und von stets gleichbleibender Abmessung, in welchem das Wasser erhitzt, fortgeleitet und in mehreren Stufen nach und nach wieder abgekühlt wird. Das ganze System steht beim Heizen unter sehr hohem Druck.

Der Rohrzug gliedert sich in die Heizkesselschlange, die Fortleitung und die Heizkörperrohre, die fortlaufend für die einzelnen beheizten Räume hintereinander geschaltet werden. Die Ausschaltung einzelner Heizkörper ist daher nur möglich, wenn gleichzeitig eine Umgehung geöffnet wird (Abb. 37), da sonst ja der Umlauf in der ganzen Anlage verhindert wird.

Die Temperatur in den Perkinsheizungen wird bis auf 150—180⁰ getrieben, der Druck in der Regel garnicht beobachtet. Es sind gelegentlich schon Drucke bis zu 150 atm. unter den Sicherheitsventilen festgestellt worden. Der Temperaturunterschied muß, da nur ein enger Rohrquerschnitt zur Wasserförderung verfügbar ist, sehr groß genommen werden. Temperaturgefälle von 60—80⁰ sind gar nichts seltenes. Damit wird die Umlaufgeschwindigkeit eine sehr hohe, trotzdem aber die umlaufende Wassermenge gering. Es ist infolgedessen nicht möglich, sehr große Wärmemengen von einer Heizkesselschlange auf die Heizkörper zu übertragen, die Leistung wird vielmehr in sehr engen Grenzen bleiben. Bei größeren Anlagen sind deshalb fast stets mehrere Gruppen erforderlich, welche dann, um etwaige Ungleichheiten auszugleichen, zu einem einzigen Umlauf hintereinander geschaltet werden (Abb. 38).

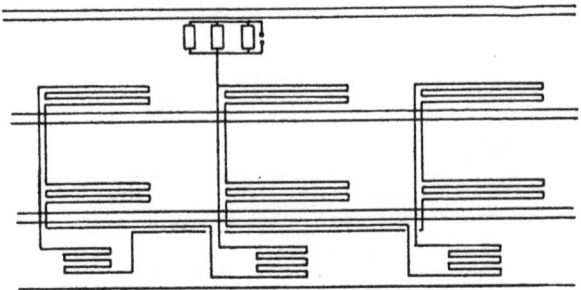

Abb. 38. Schematische Darstellung einer Heißwasser-Heizung (Perkinsheizung). Es sind mehrere Systeme hintereinander geschaltet, deren jedes wie das in Abb. 37 dargestellte ausgebildet ist. Der Rücklauf des ersten Systems geht in die Kesselschlange des zweiten usw., der des letzten Systems in die Kesselschlange des ersten. Die Ausdehnung erfolgt hier in geschlossene Windkessel, deren Luftinhalt durch das überschüssige Wasser aus den Heizsystemen zusammengedrückt wird.

Neuanlagen werden heute nach dem Perkinssystem kaum mehr ausgeführt.

Mit Rücksicht auf die hohen Drucke und Temperaturen wird nur ein sehr starkwandiges Spezialrohr, das Perkinsrohr von ungefähr 22 mm l. D. und 33 mm ä. D. verwendet. Die Rohrverbindungen erfolgen stets rein metallisch mit Rechts- und Linksmuffen aus Schmiedeeisen, mit zylindrischem Feingewinde und Dichtung mit Schneide auf dem einen Rohrende auf dem flach abgeschnittenen anderen Rohr (spitz auf stumpf). Bei Verwendung guter Rohre und Muffen und sehr sorgfältiger Arbeitsausführung sind die Verbindungen auch unter diesen besonders schwierigen Verhältnissen praktisch unbegrenzt haltbar (vgl. Heizungsmontage 1. Teil).

Alle Armaturen müssen besonders kräftig ausgeführt sein, Ventile und Hähne erhalten besonders lange, sorgfältig mit bester Packung für Hochdruck gedichtete Stopfbuchsen.

Durch die große, beim Betriebe auftretende Wassergeschwindigkeit in dem engen Rohrquerschnitt werden kleine, etwa beim Füllen zurück-gebliebene Luftbläschen auch entgegen ihrem Auftrieb fortgerissen, es ist daher möglich, die Leitung ohne jede Rücksicht auf die Entlüftung aufwärts und abwärts in beliebiger Folge zu verlegen.

An Stelle des Kessels befindet sich eine Feuerschlange, welche stets eingemauert und mit einer besonderen Feuerung versehen ist. Eine selbsttätige Regelung der Verbrennung wird nicht ausgeführt, die Be-dienung muß die Feuerung dem jeweiligen Verbrauch entsprechend einstellen. Meist als einzige Ausrüstung zur Überwachung wird ein Thermometer angebracht, das aber nicht in das Wasser eintaucht, sondern als Anlegethermometer nur annähernd die Oberflächentem-peratur angibt.

Sehr wichtig ist die an Stelle der Füllung notwendige Durch-pumpvorrichtung. Ihre Durchbildung hat sich im Laufe der Zeit sehr stark verändert, und es empfiehlt sich daher unter allen Umständen, eine nicht genau bekannte Bauart vor der Benutzung auseinanderzu-nehmen, da sonst sicher ein Mißerfolg zu erwarten ist.

Die Perkinsheizung darf nicht durch einfachen Anschluß an die Wasserleitung gefüllt werden, da sonst zuviel Luft in der Anlage bleibt, daß der Wasserumlauf sicher gestört, ja unmöglich gemacht wird. Die Durchpumpvorrichtung gestattet die Unterbrechung des Rohrzuges nahe der Kesselschlange am Rücklauf. An die Kesselschlange wird der Druckstutzen einer Handpumpe angeschlossen, welche Wasser aus einem möglichst großen Hilfsbehälter ansaugt, während der Rücklauf in diesen Behälter, und zwar unter den Wasserstand eingeführt wird. Die Füllung erfolgt lediglich durch die Pumpe aus dem Behälter, der entsprechend der Entnahme ständig von der Wasserleitung aus nach-gefüllt werden muß. Nachdem die Anlage im wesentlichen mit Wasser gefüllt ist, bleiben immer noch zahlreiche Luftblasen zurück, die durch weiteres kräftiges Pumpen mit fortgerissen und in den Behälter im Kesselraum getrieben werden. Hier steigen sie an die Oberfläche, wäh-rend die Pumpe luftfreies Wasser ansaugt.

Da sich beim Anheizen aus der Wasserfüllung von neuem Luft abscheidet, empfiehlt es sich, das Durchpumpen bei mäßiger Feuerung und Wassererwärmung auf 70—80° fortzusetzen, bis längere Zeit in dem Behälter keine Luftblase mehr aufsteigt. Bei größeren Anlagen sind für das Durchpumpen oft mehrere Stunden erforderlich. Nach Be-endigung dieser Arbeit wird am Durchpumphahn die richtige Rohr-verbindung wieder hergestellt und die Pumpe entfernt, die Anlage ist dann betriebsfähig. Spätere Luftabscheidungen können nur sehr ge-ring sein und werden durch das Wasser ohne Schwierigkeit mit-gerissen.

Die Ausdehnung des Wassers bei der Erwärmung erfolgt bei den älteren Anlagen meist in besondere, geschlossene Windkessel (Abb. 38). Diese bleiben beim Durchpumpen außerhalb des Wasserumlaufes und behalten ihren Luftinhalt. Das Wasser dringt bei der Erwärmung und Ausdehnung durch das enge Anschlußrohr in die Luftbehälter ein, drückt die Luft zusammen, und erzeugt auf diese Weise den erforderlichen Hochdruck. Vollständige Luftdichtheit, welche außerordentlich schwer zu erzielen ist, ist bei dieser Anordnung unbedingte Notwendigkeit. Bei der geringsten Undichtheit entweicht allmählich die Luft, und im Betriebe kann entweder der Druck nicht aufrecht erhalten werden, so daß vorzeitig Dampfbildung eintritt, oder die Ausdehnung des Wassers findet keinen unschädlichen Ausweg und muß die Wandungen an der schwächsten Stelle, das ist meist der hoch erhitzte Kessel, sprengen.

Später wurde deshalb ein Ausdehnungsgefäß mit Sicherheitsventil Abb. (37) verwendet, wie es bei der Mitteldruck-Warmwasserheizung beschrieben ist. Nur die Ventilbelastung wird erheblich höher gewählt.

Die Perkinsheizung besitzt nur einen sehr geringen Wasserinhalt und diesen dazu noch in einem sehr dünnen Faden. Sie ist daher dem Einfrieren in viel höherem Maße ausgesetzt als die Niederdruck-Warmwasserheizung.

Dieser Gefahr hat man durch Zusätze zu dem Wasser entgegenzutreten versucht, durch welche der Gefrierpunkt wesentlich heruntergedrückt wird.

Die Mischung mit Alkohol (Spiritus) hat sich bei den Anlagen mit Sicherheitsventilen nicht bewährt. Man hat beobachtet, daß bei der Abkühlung und Druckentlastung der Spiritus in der ganzen Anlage zunächst verdampft, als Dampf in die Höhe steigt, sich an der höchsten Stelle, das ist bei dem Ausdehnungsgefäß sammelt, sich bei weiterer Abkühlung dort niederschlägt und bei erneuter Heizung zuerst in das Gefäß gedrückt wird. Nach einiger Betriebszeit findet man in dem Gefäß eine sehr starke Spiritusmischung, während die Rohrleitung sehr spiritusarm geworden ist. Der beabsichtigte Frostschutz wird dann nicht in genügendem Maße erzielt, andererseits ist das offene Gefäß mit einer feuergefährlichen Flüssigkeit gefüllt, welche bei unvorsichtiger Behandlung recht leicht zu schweren Unfällen Veranlassung geben kann.

Eine Beimischung von Glyzerin setzt den Gefrierpunkt ebenfalls erheblich herunter, es hat sich aber herausgestellt, daß die für den hohen Wasserdruck vorzügliche Rohrverbindung gegenüber dem Glyzerin nicht dicht hält, so daß der Zusatz nach einiger Zeit verschwindet.

Verschiedene Salze, die man in Wasser gelöst hat, greifen das Eisen an, so daß von ihrer Verwendung dringend abgeraten werden muß.

Wegen der geringen Bedeutung der Perkinsheizung werden die Versuche in dieser Richtung wohl nicht mehr fortgesetzt.

Die Schnellumlaufheizungen. Als Schnellumlaufheizungen bezeichnet man Warmwasserheizungen, bei denen die aufsteigende Wassersäule teilweise mit Dampf oder Luft durchsetzt ist, derart, daß der von ihr ausgeübte Druck nennenswert geringer ist als der der vollen warmen Säule. Die gasförmigen Bestandteile werden am höchsten Punkt der „Motorstrecke" ausgeschieden, so daß das absteigende Wasser frei von allen Blasen ist und daher einen sehr vergrößerten Umtriebsdruck erzeugt. Hierdurch erzielt man hohe Wassergeschwindigkeiten und enge Rohre. Die Höhenlage des Kessels gegenüber den Heizkörpern ist bei dem großen zusätzlichen Umtriebsdruck durch die Gasblasen ganz ohne Bedeutung.

Die verschiedenen Schnellumlaufsysteme unterscheiden sich nur durch die Art des gasförmigen Zusatzes und seine Einführung in das Wasser sowie die Ausscheidung. Es seien hier nur einige wenige der Hauptvertreter dieser Heizungsart kurz geschildert.

Die erste Schnellumlaufheizung ist die von Reck (Abb. 39). In einem besonderen Dampferzeuger, welcher mitunter lediglich in einer im Feuer des Warmwasserkessels liegenden Schlange besteht, wird Dampf von geringer Spannung erzeugt, durch ein besonderes Rohr bis nahe an den höchsten Punkt der Anlage geführt und dort in das Wasser der Heizung gedrückt. Das Wasser wird stets auf einer geringeren als Dampftemperatur gehalten, so daß der eingeführte Dampf ziemlich schnell niedergeschlagen wird. Ein etwa noch verbleibender Rest wird ins Ausdehnungsgefäß geführt und kann von dort ins Freie entweichen. Die Dampfleitung wird aber so eingestellt, daß in der Regel ein Austreten von Dampf nicht zu befürchten ist.

Bei der Brücknerheizung (Abb. 40) wird das Wasser im Kessel über 100⁰ erwärmt und in die Höhe geführt. In der Höhe, in welcher unter dem Einfluß des Druckes das Wasser von der erzielten Temperatur gerade siedet, beginnt Dampfbildung, welche nach oben hin immer mehr zunimmt. In einer besonderen Rohrerweiterung wird der gebildete Dampf von dem Wasser getrennt, und das nunmehr 100⁰ warme Wasser der Heizung zugeführt. Um den ausgeschiedenen Dampf niederzuschlagen, wird das Rücklaufwasser, welches sich in den Heizkörpern erheblich abgekühlt hat, nochmals in die Höhe geführt hat und gelangt durch das Dampfkühlgefäß zurück in den Kessel.

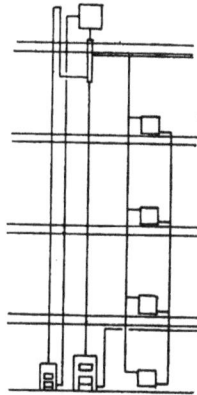

Abb. 39. Schematische Darstellung einer Schnellumlauf-Warmwasser-Heizg. System Reck. Neben dem Warmwasserkessel befindet sich ein kleiner Dampfkessel. Der Dampf wird, zur Verhinderung des Rückfließens von Wasser aus dem Warmwassersystem in den Dampfkessel vermittelst einer über den Wasserstand im Ausdehnungsgefäß geführten Schleife in das Wasser gedrückt, das Dampf-Wasser-Gemisch in dem oberen Teil des Steigerohrs ist wesentlich leichter als das Wasser in den fallenden Teilen und erzeugt dadurch einen erhöhten Umlaufsdruck. — Durch die geringere Temperatur des Wassers werden die Dampfblasen schnell niedergeschlagen. Etwa noch aus dem Steigerohr austretender Dampf kann aus dem Ausdehnungsgefäß entweichen. Das Kondensat fließt durch den Überlauf aus dem Ausdehnungsgefäß wieder in den Dampfkessel.

Die Aerocircuit-Schnellumlaufheizung verwendet ebenfalls einen Dampferzeuger, der Dampf wird aber nicht unmittelbar in das Wasser geführt, sondern saugt durch ein Strahlgebläse Luft an, welche dem Wasser zugesetzt wird. Die Luft wird in das Ausdehnungsgefäß geführt und entweicht dort, während der Dampf restlos in dem kälteren Wasser niedergeschlagen wird.

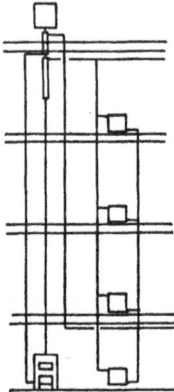

Abb. 40. Schematische Darstellung einer Schnellumlauf - Warmwasser - Heizung Syst. Brückner. In dem Warmwasserkess. wird das Wasser über 100° erwärmt. Im oberen Teil des Steigerohres, in welchem nur ein ziemlich gering. Druck herrscht, beginnt unter dem Einfluß dieser Überhitzg. eine Dampfbildung, die sich nach oben hin steigert. Dadurch entsteht wiederum ein erhöhter Umlaufdruck. — Zum Niederschlagen des gebildeten Dampfes wird das Rücklaufwasser in die Höhe geführt und nimmt in einem besonderen Kondensator die Dampfwärme auf.

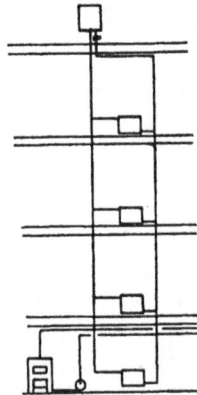

Abb. 41. Schematische Darstellung einer Pump. - Warmwasser-Heizung. Zur Erzielung eines erhöhten Umlaufdruckes ist in die Leitung — im dargestellten Falle in die Rücklaufleitung - eine Pumpe eingeschaltet. Das Ausdehnungsgefäß ist mit Wasserumlauf versehen. Um nicht durch zu starke Vergrößerung der Umlaufmenge die gesamte Anlage in der Wirksamkeit zu stören, wird in den Rücklauf eine Drosselung (Ventil, Regulier-T-Stück) eingebaut.

Für alle diese Einrichtungen sind genaue Ausführungszeichnungen anzufertigen, aus denen alle Angaben über Größe, Lage und Gefälle deutlich hervorgehen müssen.

Infolge des wesentlich vergrößerten Umtriebsdruckes werden die Rohrleitungen erheblich enger als bei einer Niederdruck-Schwerkraft-Warmwasserheizung. Grundsätzlich gelten sinngemäß alle die Regeln, welche für die Schwerkraft-Warmwasserheizung gegeben sind.

Die Pumpen-Warmwasserheizung. Bei der Pumpen-Warmwasserheizung benutzt man zur Umwälzung des Wassers einen mechanisch erzeugten Druck. In der Regel werden hierzu Schleuderpumpen gewählt, welche durch einen Elektromotor, eine Dampfturbine oder einen anderen gerade verfügbaren Antrieb in Bewegung gesetzt werden (Abb. 41).

Der Umtriebsdruck ist durch diese Mittel erheblich größer als bei jeder anderen Wasserheizung, dadurch kann man viel größere Entfernungen überwinden, gleichzeitig treten aber Erscheinungen auf, welche die besondere Aufmerksamkeit bei dem Entwurf, der Durchführung und der Inbetriebsetzung in Anspruch nehmen. Während bei der reinen Schwerkraft-Warmwasserheizung in jedem Punkt der Anlage der Druck herrscht, welcher seiner Höhenlage unterhalb des Wasserspiegels im Ausdehnungsgefäß entspricht, treten hier zusätzliche Drucke auf derart, daß Unterschiede bis zur Größe des Pumpendruckes vorkommen. Wenn, wie das bei Fernheizungen wohl vorkommt, die Pumpe einige Atmosphären leistet, so kann der Druck unter Umständen um diese Anzahl von Atmosphären höher oder geringer sein, als der reine statische Druck. Es kann also gelegentlich auch an Stellen, welche weit unterhalb des Wasserspiegels im Ausdehnungsgefäß liegen, Luft angesaugt werden, und andererseits kann der Druck in den Heizkörpern, auch wenn sie nicht sehr tief liegen, das zulässige Maß weit überschreiten.

Es ist Sache des Ingenieurs, diese Verhältnisse in genügender Weise zu berücksichtigen und in der Montagezeichnung seine Maßnahmen zum Ausdruck zu bringen. Der Monteur muß sich dagegen, gerade mit Rücksicht auf die schweren sonst möglichen Störungen, ganz genau an diese Angaben halten, und darf unter keinen Umständen eine, wenn auch scheinbar noch so geringe Änderung an der Anlage vornehmen. Das gilt in allererster Linie für den Anschluß des Ausdehnungsgefäßes, welcher maßgebend für den in jedem Punkt herrschenden Druck ist, ferner aber auch für die gesamte Rohrführung und die Rohrbemessung, durch welche die Verteilung und die Veränderlichkeit der Druckverhältnisse bedingt wird.

Der im Vergleich zum Druck des ruhenden Wassers, dem statischen Druck, geringste Druck in der Bewegung herrscht stets am Eintrittsstutzen der Pumpe, am Austritt steigt er auf das Höchstmaß an und fällt dann im Verlaufe der Leitung wieder auf das Maß am Eintritt. Zur Messung der Pumpenwirkung sind vor und hinter der Maschine Manometer an die Leitung anzuschließen.

An die Stelle, welche mit dem offenen Ausdehnungsgefäß durch eine einfache Rohrleitung verbunden wird, stellt sich als wirklicher Druck genau der statische ein. Wird der Anschluß am Pumpeneintritt, dem Punkte des geringsten Druckes im System vorgenommen, so steigt er bis auf den um den Pumpendruck vermehrten statischen Druck und nimmt dann allmählich wieder ab, kann aber in der ganzen Anlage nie mchr unter den statischen Druuck slnken. Bei einer solchen Ausführung können wohl zu hohe Drucke entstehen, welche Kesseln und Heizkörpern gefährlich werden, es kann aber an keiner Stelle der ganzen Anlage Luft angesaugt werden.

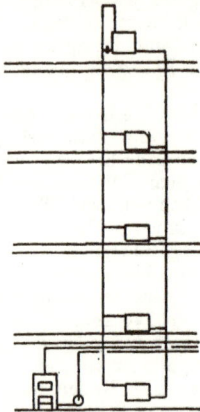

Abb. 42. Schematische Darstellung einer Pumpen-Warmwasser-Heizung. Der Anschluß des Ausdehnungsgefäßes ist in der Weise durchgeführt, daß das Ausdehnungsrohr von dem Druckstutzen der Pumpe über das Ausdehnungsgefäß offen in die Höhe geführt wird, so daß selbst bei dem höchst. Pumpendruck kein Wasser ausfließen kann. Beim Überkochen dagegen ist der Weg für die Dampfblasen vollständig frei. Um bei normalem Betrieb einen mäßigen Umlauf durch das Ausdehnungsgefäß zu haben, ist eine stark gedrosselte Verbindung zwischen dem Ausdehnungsrohr und dem Gefäß unter Wasser hergestellt. Der Rücklauf bleibt dabei vollständig frei.

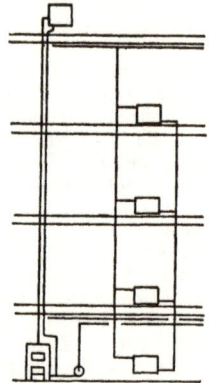

Abb. 43. Schematische Darstellung einer Pumpen-Warmwasser-Heizung. Der Anschluß des Ausdehnungsgefäßes erfolgt im Vorlauf und Rücklauf auf der gleichen Seite der Pumpe, so daß der Umlauf nur unter Einfluß der Schwerkraftwirkung erfolgt. Die Ausdehnungs-Rücklaufleitung kann nicht zum Anschluß von Heizkörpern verwendet werden. Es ist aber bei Versagen der Pumpe ein regelrechter Umlauf des Wassers zwischen Kessel und Ausdehnungsgefäß gesichert.

Wird dagegen das Ausdehnungsgefäß am Austritt aus der Pumpe angeschlossen, so ist die Entstehung zu hoher Drucke unmöglich, dagegen kann leicht ein Unterdruck an irgendeiner Stelle entstehen, der ein Ansaugen von Luft durch geringe Undichtheiten und damit leicht schwere Störungen im Betriebe der Anlage zur Folge hat. Vollständige Luftdichtheit einer Rohrleitung ist aber niemals zu erwarten, auch wenn sie für Wasser und Dampf vollständig einwandfrei ist.

Sowohl die Druckerhöhung als auch die Verringerung sind ohne praktische Bedeutung, wenn mit nur ganz geringen Druckunterschieden — vielleicht bis zu 3 m WS — gearbeitet wird.

Wird das Ausdehnungsgefäß durch zwei Leitungen mit verschiedenen Punkten des Rohrnetzes verbunden, an welchen verschieden hohe Drucke herrschen (Abb. 41), so findet in den Anschlüssen bei voller Füllung ein Wasserumlauf statt. Um die Anlage mit dieser umlaufenden Wassermenge nicht zu hoch zu belasten, muß wenigstens in einer derselben eine einstellbare Drosselung vorgesehen werden, etwa in Form eines Regulier-T oder eines Ventiles.

Zur Sicherung der Kessel wird gern ein offenes Rohr von diesen bis zum Ausdehnungsgefäß geführt. Um eine Frostgefahr zu verhindern und die Sicherheit der Kessel zu erhöhen, führt man einen Rücklauf von dort häufig an eine Stelle geringen Druckes. In diesem Falle dürfte keine der beiden Leitungen verengt werden. Es empfiehlt sich, dann den Vorlauf vom Kessel so hoch über den Wasserstand des Gefäßes zu führen, daß die Pumpe kein Wasser herausdrücken kann, zur Erzielung des Umlaufes aber eine enge, gedrosselte Verbindung im unteren Teile herzustellen (Abb. 42).

Besondere Vorsichtsmaßnahmen dieser Art werden überflüssig, wenn beide Leitungen an Stellen nahezu gleichen Druckes angeschlossen werden, wenn also Vor- und Rücklauf unmittelbar in die Kessel geleitet werden, derart, daß die Pumpen ganz außerhalb des Sicherheitsstromkreises bleiben (Abb. 43). Der Umlauf durch das Ausdehnungsgefäß erfolgt dann lediglich durch Schwerkraftwirkung, und belastet die Rohrleitung für den Pumpenstromkreis gar nicht, andererseits wirkt diese Verbindung auch als Sicherheitsvorrichtung im Falle des Versagens der Pumpen, und der sehr erhebliche Widerstand der stillstehenden Pumpe ist vollständig ausgeschaltet.

Es liegt nahe, die Betrachtung unmittelbar auf den Anschluß von Schwerkraftheizungen an Kessel unter Pumpeneinwirkung zu übertragen und ohne besondere Vorsichtsmaßnahmen Vor- und Rücklauf solcher Anlagen mit den Kesseln zu verbinden. Dabei treten aber leicht Störungen auf, wenn nicht Sorge dafür getragen wird, daß das Rücklaufwasser durch die untere Verbindung der Glieder sich über die ganze Kesseltiefe ausbreitet, ehe es nach oben steigen kann. Besonders bei Kesseln, deren Rücklauf am hintersten Gliede höher angeschlossen ist, als die Gliederverbindung steigt leicht kaltes Wasser auch in die Höhe und gelangt nicht genügend angewärmt in den hinteren, oberen Kesselanschluß, während das Thermometer vorn eine viel höhere Temperatur anzeigt. Das ist bei der Sicherung des Ausdehnungsgefäßes gegen Frost ohne Bedeutung, bei der Wirkung von Heizkörpern unter Umständen aber vernichtend.

Bei Kesseln, an welche Pumpen- und Schwerkraftsysteme angeschlossen werden sollen, ist also, nötigenfalls durch ein Einsteckrohr, dafür zu sorgen, daß das Rücklaufwasser sich über sämtliche Glieder unten möglichst gleichmäßig verteilt.

Trotz der großen Wassergeschwindigkeit ist Luft in einer Pumpenheizung außerordentlich gefährlich. Allerdings ist ein Luftkissen in den engen Rohrleitungen kaum zu befürchten. Aber in den Heizkörpern, besonders in Radiatoren setzt sich die Luft fest und bildet vor dem Eintritt leicht Polster, welche jeden weiteren Umlauf verhindern.

Auf eine vollständige Luftausscheidung vor den Heizkörpern ist deshalb der allergrößte Wert zu legen.

Erfahrungsgemäß wird die Luft in kleinen Bläschen, die sich bei der Erwärmung aus dem kälteren Wasser abscheiden, bei größeren Geschwindigkeiten ohne weiteres mitgerissen, auch entgegen ihrem Auftrieb. Nur bei geringen Geschwindigkeiten findet ein Abscheiden und ein Aufsteigen auch gegen den Strom statt. Da im allgemeinen die Wassergeschwindigkeit in engen Rohren geringer ist als in den weiten, tritt hier leichter eine Abscheidung ein, und daher sind die Entlüftungsschwierigkeiten bei unterer Verteilung mit den vielen verhältnismäßig engen Steigerohren im allgemeinen geringer als bei oberer Ver-

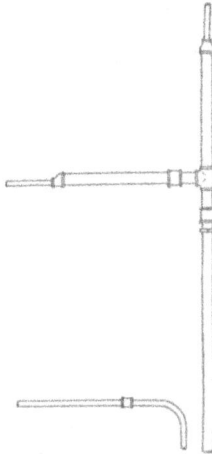

Abb. 44. Anschluß eines Heizkörpers in einer Pumpenheizung mit Entlüftung. Zur Abscheidung der Luftbläschen ist der Strang und der Heizkörperanschluß im Vorlauf sowie das erste Stück der Luftleitung sehr weit ausgebildet, so daß hier geringe Wassergeschwindigkeiten herrschen. In genügender Entfernung vom Entlüftungspunkt wird der Anschluß und die Luftleitung stark verengt, der Rücklauf erhält vollständig die geringe Abmessung.

teilung mit einem einzigen weiten Steigerohr. Geringe Wassergeschwindigkeiten bei den Übergängen von der Steigeleitung in die horizontalen Strecken sind Erfordernis für gute Entlüftung. Häufig muß dazu der Vorlauf erheblich weiter ausgeführt werden als es mit Rücksicht auf die Widerstände erwünscht wäre. Besonders knappe Rückläufe sind die unmittelbare Folge. Steigestränge und Vorlaufanschlüsse selbst von $^5/_4''$, bei Rückläufen von $^1/_2''$ und ebenso schwachen Fallsträngen können die notwendige Folge dieser Art der Behandlung sein (Abb. 44).

Zu beachten ist, daß auch der Abzweig in der Nähe des Steigestranges noch geringe Geschwindigkeit, also großen Durchmesser hat. Empfehlenswert ist ein größerer Sack zum Sammeln der Luft, also eine Fortsetzung des großen Rohrdurchmessers über den höchsten Abzweig hinaus, bevor die eigentliche enge Luftleitung beginnt. Besonders bei oberer Verteilung zwingt das oft genug zur Einschaltung starker Rohre an der höchsten Stelle, deren Durchmesser weit über dem des eigentlichen Steigestranges liegt (Abb. 45). Über diese Rohrerweiterungen sind unter allen Umständen ganz genaue Angaben in der Montagezeichnung zu verlangen.

Abb. 45. Entlüftungspunkt bei einer Pumpen-Warmwasser-Heizung mit oberer Verteilung. Um ein sicheres Ausscheiden der Luft aus dem Wasser zu bewirken, wird am Abzweig zum Ausdehnungsgefäß das Rohr stark erweitert und die Wassergeschwindigkeit so verringert. Die Erweiterung beginnt schon reichlich weit vor dem Entlüftungspunkt, um eine möglichst gleichmäßige Geschwindigkeitsverteilung zu erzielen. In genügender Entfernung hinter der Entlüftung wird das Rohr wieder enger gemacht.

Als Pumpen werden jetzt wohl ausschließlich Schleuderpumpen (Zentrifugalpumpen) gewählt. Bei den ersten Ausführungen nahm man wohl auch Kolbenpumpen, hat hier aber durch das stoßweise Arbeiten schlechte Erfahrungen gemacht. Besonders sind dabei Geräusche entstanden, die sich nur durch eine übermäßige Herabsetzung der Hubzahl und damit eine Verringerung der Leistung bekämpfen ließen.

Der Antrieb der Pumpen erfolgt meist durch unmittelbar gekuppelte Elektromotore oder, weniger häufig, durch Dampfturbinen. Transmissionsantrieb von vorhandenen Wellen aus kommt wohl gar nicht vor.

Eine geringe Erschütterung der Maschinen ist auch bei der Wahl geringer Umdrehungszahlen und dadurch teuerer Antriebsmotore kaum zu vermeiden. Man macht diese dadurch unschädlich, daß man die ganze Maschine auf ein möglichst schweres Fundament setzt, und dessen nur noch ganz unmerklich schwaches Zittern durch elastische Unterlagen, wie Korkplatten, trocknen Sand und ähnliches von den Gebäudewänden fernhält. Die Übertragung durch Rohrleitungsteile läßt sich verringern durch Einschaltung stark federnder Teile wie Metallschlauch. Gerät das geförderte Wasser selbst in Schwingungen, so nützen diese Mittel nicht vollständig, und bei manchen Anlagen hört man ein leises Summen noch in sehr weiter Entfernung von den Pumpen. Dann müssen alle Befestigungen mit schalldämpfender Masse eingesetzt werden, etwa in der Weise, daß Ankerschrauben frei durch die Wand gezogen und beiderseits mit Muttern mit Unterlegscheiben und Korkunterlagen befestigt werden. Dieses Mittel ist sehr kostspielig und seine Wirkung hängt von der sorgfältigsten Ausführung in hohem Maße ab.

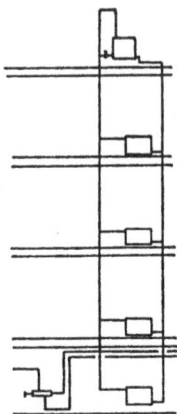

Abb. 46. Schematische Darstellung einer Injektor-Warmwasser-Heizung. Die Anordnung entspricht vollständig der einer Pumpen-Warmwasser-Heizung, nur ist an Stelle von Kessel und Pumpe ein Dampfstrahlgebläse angeordnet. — Der eingeführte und kondensierte Dampf fließt dauernd durch den Überlauf des Ausdehnungsgefäßes ab.

Sicherer ist es, durch Wahl der Pumpen mit geringer Umdrehungszahl, peinlich genauer Ausführung, kräftiger Durchbildung und vor allen Dingen geräuschlos laufender Motore, die besonders bei Drehstrom mitunter nicht leicht zu beschaffen sind, das Übel an der Wurzel zu packen.

Die einzelnen Teile der Pumpenheizungsanlagen sollen so angeordnet sein, daß eine gute Bedienung unter allen Umständen gesichert ist. Deshalb müssen die Feuerstellen oder bei mittelbarer Erwärmung die Heizapparate, sämtliche Absperr- und Reguliervorrichtungen und vor allen Dingen die Pumpen in gut zugänglicher Höhe angebracht werden. Das zwingt in der Regel zu Rohrverbindungen, welche ohne Luftsäcke nicht hergestellt werden können. Jeder derartige Luftsack ist sorgfältig zu entlüften, wobei allerdings kein solcher Wert auf das Ausscheiden kleinster Luftbläschen gelegt zu werden braucht, da ja in diesen Teilen ein Festsetzen der Luftpolster gar nicht in Frage kommt. Die Anordnung der Rohrleitungen erfordert große Umsicht, damit keine unnötigen Kreuzungen vorkommen, welche die lichte Höhe des Bedienungsraumes stark beeinträchtigen. Von der Zentrale sollte deshalb unter allen Umständen auf Grund einer Bauaufnahme eine genaue maßstäbliche Zeichnung angefertigt werden, an welche sich der Monteur bei der Ausführung unbedingt zu halten hat.

Die Injektorheizung. Eine besondere Ausführungsart der Pumpenheizung ist die Injektorheizung. Hier wird der zusätzliche Umtriebsdruck durch ein Dampfstrahlgebläse erzeugt, welches gleichzeitig dem Wasser die erforderliche Wärme zuführt (Abb. 46). Durch die Zusammenfassung von Wassererwärmer und Pumpe wird die Gesamtanordnung wesentlich vereinfacht.

Die Hauptnachteile der Injektorheizung gegenüber der gewöhnlichen Pumpenheizung sind die erheblich stärkeren Geräusche, welche diese Art der Anlagen für Wohnräume noch unverwendbar machen, und die Verringerung des Umtriebsdruckes bei Einschränkung der Heizwirkung, welche zur Folge hat,

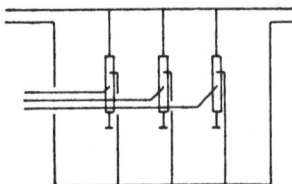

Abb. 47. Schematische Darstellung der Zentrale einer Injektor-Warmwasser-Heizung bei Unterteilung der Gebläse in mehrere parallel geschaltete Injektoren.

daß die zentrale Regelung nicht so vollkommen ist wie bei anderen Warmwasserheizungen. Eine Unterteilung der Zentrale durch Anordnung mehrerer, parallel geschalteter Strahlapparate hat nur teilweisen Erfolg gebracht (Abb. 47).

Durch das Eintrten des Dampfes wird dem System ständig neues Wasser zugeführt, welches durch den Überlauf des Ausdehnungsgefäßes wieder abgeleitet werden muß. Man wird den Überlauf zweckmäßig mit der Hauptkondensleitung verbinden, und so das Wasser den Dampfkesseln wieder zuführen.

Da der Dampf selten ganz luftfrei ist, tritt auch ständig Luft in die Anlage. Der Entlüftung ist deshalb ganz besondere Aufmerksamkeit zu schenken. Nichtbeachtung dieses Punktes kann zum Versagen großer Teile der Heizung führen.

Für alle diese Abarten der Warmwasserheizung gelten im übrigen alle Ausführungen über die Schwerkraft-Warmwasserheizung.

IV. Die Dampfheizung.

Bei allen Dampfheizungen wird zur Übertragung der Wärme Dampf verwendet, welcher in den Dampfkesseln erzeugt, durch die Leitungen zur Verwendungsstelle geführt und hier wieder in Wasser zurück verwandelt wird. Dabei wird die bisher gebundene Verdampfungswärme frei und dient zur Beheizung der Räume. In den Kesseln erhält der Dampf einen höheren Druck als den, welchen man in den Heizkörpern erzielen will, und der Druckunterschied zwischen diesen Stellen wird zur Fortbewegung benutzt. In den meisten Fällen wird das Niederschlagswasser, welches sich bei der Wärmeabgabe aus dem Dampf bildet, dem Kesselhaus wieder zugeführt. Abweichungen kommen wohl, besonders bei sehr ausgedehnten Hochdruckanlagen vor, dürfen aber nicht als Regel angesehen werden.

Die Niederdruck-Dampfheizung. Die Niederdruck-Dampfheizung arbeitet mit sehr geringen Dampfdrucken, die in der Regel nicht höher sind als 1 m WS. Indes bildet nicht der niedrige Druck das eigentliche Kennzeichen dieser Art der Heizung, sondern eine durch das Reichsgesetz über die Anlage und den Betrieb von Dampfkesseln vorgeschriebene Einrichtung, das Standrohr, durch dessen Vorhandensein die Niederdruck-Dampfkessel von der Aufsicht der Behörden befreit sind.

Das Gesetz nimmt die Dampferzeuger von der Aufsichtspflicht aus, welche mit einem nicht verschließbaren nur mit Wasser gefüllten Rohr von nicht mehr als 5 m Höhe und mindestens 80 mm lichtem Durchmesser, dem Standrohr an Stelle eines Sicherheitsventiles versehen sind. Besondere Ausführungsbestimmungen der Landespolizeibehörden gestatten für kleine Kessel auch geringere Standrohrdurchmesser. Die Grenze des zulässigen Druckes wird fast niemals voll ausgenutzt, und kommt nur bei Wasch- und Kochanlagen in Betracht. Kleine Anlagen werden oft mit 0,05 atm (0,5 m WS), größere selten höher als 0,2 atm (2 m WS) betrieben.

Die Kesselbauarten sind im 1. Teil der Heizungsmontage bereits eingehend beschrieben worden. Die Verwendung von Gußeisen mit all den vielen Vorteilen ist nur dadurch möglich, daß die Niederdruck-Dampfheizungen durch Anwendung des Standrohres frei von jeder behördlichen Aufsicht sind.

Über die Anbringung der Füllung und Entleerung gilt sinngemäß das in früheren Abschnitten Gesagte. Die Abmessungen können mit Rücksicht auf den geringen Wasserinhalt der Anlage erheblich kleiner gehalten werden als bei Warmwasserheizungen.

Abb. 48. Wasserstandsanzeiger an einem Niederdruckdampf-kessel. Der untere Wasser-standskopf ist unmittelbar mit dem Wasserraum des Kessels verbunden.

Ein sehr wichtiger Teil für die Bedienung ist das Manometer, welches jederzeit den Kesseldruck anzeigen soll. Daß es gut in Stand zu halten ist, damit es stets richtig anzeigt, ist selbstverständlich. Ein Kontrollhahn, der eine vollständige Entlastung ermöglicht, ist eine unbedingte Notwendigkeit. Von erheblicher Bedeutung ist es auch, daß das Manometer an der richtigen Stelle angebracht wird. Vielfach entstehen gerade in den Kessel-anschlüssen sehr erhebliche Druck-verluste, so daß ein in der Nähe des Kessels an der Leitung angebrachtes Manometer schon bedeutend geringeren Druck anzeigen kann, als in den Kesseln selbst herrscht. Eine der ersten Regeln ist also, das Manometer unmittelbar auf den Kessel zu setzen.

Der Einfluß der Wassersäcke auf die Anzeige ist ebenfalls im 1. Teil der Heizungsmontage behandelt. Mitunter kommen noch Fehlerquellen dadurch hinzu, daß der Monteur zur bequemeren Ablesung bei sehr niedrigen Kesseln oder zur Ermöglichung der Ablesung vom dem oberen Kesselgrubenrand aus hohe enge Rohre zwichen Kessel und Wassersack einschaltet, die sich ganz oder teilweise mit Wasser füllen und die Anzeige um die Höhe der jeweils vorhandenen Wassersäule fälschen.

Das Manometer soll also nicht nur am Kessel selbst angeschlossen werden, sondern auch nur unter Zwischenschaltung der von der Fabrik gelieferten möglichst kurzen Wassersäcke unmittelbar auf den Kesseln sitzen.

Für die Verbindung des Wasserstandsanzeigers mit dem Kessel sind verschiedene Ausführungsformen möglich, über deren Zweckmäßigkeit noch erhebliche Meinungsverschiedenheiten bestehen.

Einige bedeutende Kesselwerke verbinden die Wasserstandsköpfe durch kurze, horizontale Rohrstutzen unmittelbar mit dem Dampf-bzw. dem Wasserraum des Kessels (Abb. 48), während andere den unteren Kopf durch ein längeres, abwärtsgeführtes Rohr an einen möglichst tief gelegenen Punkt des Wasserraumes anschließen (Abb. 49).

Bei der ersten Ausführungsform wird die Anzeige im Wasserstandsglas dem Wechsel bei jeder Wallung im Kessel folgen. Der Wasserstand ist also unruhig, entspricht aber dem jeweiligen Zustand im Kessel selbst. Bei der zweiten Ausführung werden die Wallungen den Spiegel im Glas kaum beeinflussen, nur der Wechsel des Wassergewichtes im Kessel macht sich äußerlich bemerkbar.

Wird durch ausgedehnte Leitungen und große Widerstände bei der Rückführung des Kondensates Wasser in nennenswerten Mengen längere Zeit zurückgehalten, so macht sich das bei der zweiten Ausführung deutlich bemerkbar. Bei der ersten Form werden diese Verluste ganz oder teilweise durch die Wallungen, durch die Inhaltsvergrößerung im Kessel ausgeglichen. Bei Verwendung schmiedeeiserner Kessel mit großem Wasserinhalt und ruhiger Dampfentwicklung ist die Frage ganz ohne Bedeutung, bei den gußeisernen Gliederkesseln und bei Kleinkesseln jeder Art dagegen tritt sie infolge der starken Wallungen und des Mitreißens von Wasser stark in Erscheinung.

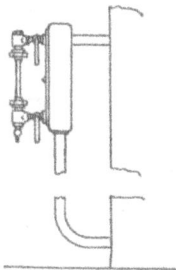

Abb. 49. Wasserstandsanzeiger an einem Niederdruckdampfkessel. Der untere Wasserstandskopf ist durch ein Rohr mit dem unteren Teil des Kessels verbunden.

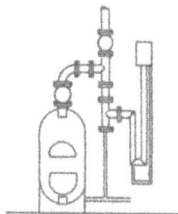

Abb. 50. Niederdruckdampfkessel mit Entwässerung der Dampfleitung unmittelbar über dem Kessel durch scharfe Richtungsänderung in der Rohrleitung. Das Standrohr ist unterhalb der Dampfleitung dicht oberhalb des Wasserstandes angeschlossen, die Zuleitung ist besonders entwässert.

Die Schwankungen des Wasserstandes und insbesondere die ungleichmäßige Einstellung desselben in verschiedenen Kesseln einer größeren Anlage spielen eine bedeutende Rolle bei den Niederdruck-Dampfheizungen. Man sollte sich hüten, nur die äußere Erscheinung zu bekämpfen, sondern stets den Ursachen auf den Grund gehen und diese zu beseitigen versuchen.

Wesentlich ist die schnelle Ausscheidung des vom Dampf aus den Kesseln mechanisch mitgerissenen, unverdampften Wassers. Zur Erzielung des Erfolges sind in der Hauptache zwei Wege eingeschlagen worden.

Der erste besteht in der Ausschleuderung der Wassertropfen durch plötzliche starke Richtungsänderung des mit großer Geschwindigkeit strömenden Dampf-Wassergemisches (Abb. 50). Meist wird zu diesem Zweck ein Krümmer auf den Kessel gesetzt, in den folgenden horizontalen Leitungsteil ein T eingesetzt, durch dessen Abzweig der Dampf weiter geführt wird, während der größte Teil des Wassers in die Entwässerungsleitung und zurück zum Kessel gelangt.

In allen den Fällen, in welchen die Kessel mäßig belastet sind und nur wenig Wasser in die Dampfleitungen senden, führt dieser Weg zu befriedigenden Ergebnissen. Bei stärkeren Belastungen indes entsteht schon am Kessel ein zu hoher Druckverlust, durch welchen unter Umständen selbst das richtige Arbeiten der ganzen Anlage in Frage gestellt ist.

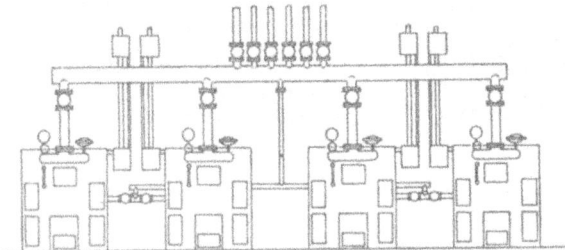

Abb. 51. Niederdruckdampf-Kesselanlage aus vier großen Gliederkesseln mit Anschlüssen und Dampfverteiler. Zur Trocknung wird der Dampf in einer reichlich bemessenen Steigleitung senkrecht hochgeführt und verliert auf dem Wege ziemlich vollständig das mitgerissene unverdampfte Wasser. Ein weites Sammelrohr bewirkt guten Druckausgleich zwischen den Kesseln. Eine kräftige Hauptentwässerung führt alles durch Kondensation neu gebildete Wasser aus dem Sammelrohr in die Kessel zurück. Die Bedienung sowohl der Kesselabsperrungen als auch der Schieber für die verschiedenen Heizgruppen erfolgt von der auf den Kesseln anzuordnenden Bedienungsbühne aus. Die Absperrung der Niederschlagswasserleitungen liegt unten, unmittelbar bei dem betreffenden Kessel. — Manometer mit Wassersack und Verbrennungsregler sind auf das vordere Sammelstück am Kessel aufgesetzt, das Standrohr an einen hinteren Kesselflansch mit Steigung angeschlossen.

In diesem Falle gibt der andere Weg fast stets volle Abhilfe. Durch sehr reichliche Bemessung der Anschlußrohre und senkrechte Hochführung in eine Höhe von mindestens 1 m, besser aber mehr, erhält der Dampf eine so geringe Geschwindigkeit, daß die Wassertröpfchen dem Dampf entgegen in den Kessel zurückfallen. Gerade bei sehr großen Kesselanlagen gibt diese Ausführung sehr gute Gesamtanordnungen. Man sollte es nie versäumen, auch hier die horizontale Leitung nochmals kräftig zu entwässern. Die Abb. 51 gibt das Bild einer Dampfkesselanlage wieder, bei welcher diese Anordnung in Verbindung mit starker Gruppeneinteilung des ganzen Heizsystems durchgeführt ist.

Die einige Zeit sehr beliebten und empfohlenen Ausgleichsleitungen für Wasser oder für Dampfdruck bekämpfen nur äußere Erscheinungsformen und können die Ursache und die anderen nachteiligen Folgen des Wasserreißens nicht beseitigen.

Bei den Wasserausgleichsleitungen wird dicht unterhalb des Wasserstandes eine besondere meist 2″ Leitung mit absperrbaren Anschlüssen zu den Kesseln gelegt (Abb. 52). Der Erfolg ist selbst gegenüber den Wasserstandsschwankungen kein vollkommener, die Bedienung der Anlage wird wesentlich erschwert, und sonstige Schädigungen der Anlage werden nicht vermieden.

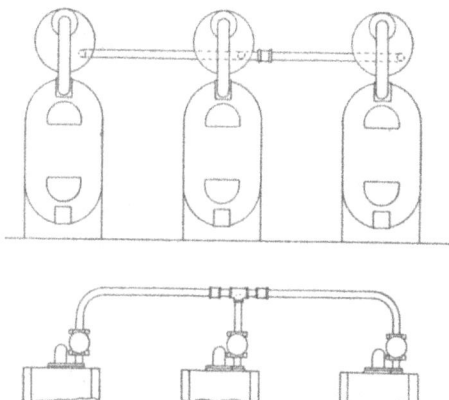

Abb. 52. Anordnung einer Wasserstands-Ausgleichs-
leitung bei einer Gruppe von drei Niederdruckdampfkesseln. Dicht unterhalb des Wasserstandes ist eine
an jedem Kessel absperrbare, meist 2″ Leitung angebracht. Zur Absperrung des Kessels sind drei
Schieber bzw. Ventile zu schließen!

Die Druckausgleichsleitungen, welche in gleicher Weise die Dampf-räume der Kessel miteinander verbinden, haben bezüglich der Bedienung die gleichen Nachteile. Eine Wirksamkeit haben sie nur dann, wenn die Dampfanschlußleitungen bis zur gemeinsamen Sammelleitung wesentlich verschiedene Druckverluste aufweisen, der Unterschied der Dampflieferung aber so gering ist, daß er leicht durch die verhältnis-mäßig enge Leitung ausgeglichen werden kann.

Zweckentsprechend ist es stets, vor der Anordnung irgendwelcher Maßnahmen den Ursachen des verschiedenen Wasserstandes nachzu-gehen.

Einen Überblick hierüber gewinnt man stets, wenn man mit Hilfe eines einfachen Schlauches einen kleinen Versuch an der Anlage durch-führt.

Um die Größe der Wallungen im Kessel festzustellen, verbindet man nacheinander bei allen Kesseln den Kesselentleerungshahn mit dem Probierhahn des Wasserstandes (Abb. 53), nachdem man den gan-zen Schlauch vorher sorgfältig mit Wasser gefüllt hat, schließt den un-teren Wasserstandshahn und öffnet Probierhahn und Entleerungshahn. Da in dem Schlauch und dem Glas nur Wasser steht, während auf der anderen Seite im Kessel sich ein Wasserdampfgemisch befindet, wird der scheinbare Wasserstand sofort sinken, und das Maß dieses Sinkens ist ein Maß für die Wallungen im Kessel. Fällt das Wasser in den verschiedenen Kesseln überall auf die gleiche Höhe herunter, d. h. verliert der Wasserstand bei den Kesseln, die einen zu hohen Wasserstand hatten, mehr als bei den anderen, so ist die Ursache für die Schwankungen nicht in den Leitungen, sondern lediglich in den Kesseln selbst zu suchen. Meist genügt es alsdann, die Kessel durch Erneuerung des Wasserinhaltes und kräftiges Ausspülen mit reinem Wasser von dem in ihnen befindlichen Schlamm und Öl zu befreien, um zu befriedigenden Ergebnissen zu kommen.

Abb. 53. Versuchsanordnung zur Untersuchung der Wallungen in einem Niederdruckdampfkessel. Der Probierhahn am unteren Wasserstandskopf wird mit dem Entleerungshahn des Kessels durch einen sorgfältig mit Wasser gefüllten Schlauch verbunden. Bei Schließen des unteren Wasserstandshahnes und Öffnen des Probierhahnes und des Entleerungshahnes stellt sich der Wasserstand im Glas soviel niedriger ein als bei der richtigen Hahnstellung, als der Höhe der Dampfblasen in dem vorderen Kesselglied entspricht. Das Sinken des Wasserstandes ist also ein Maßstab für die Wallungen im Kessel.

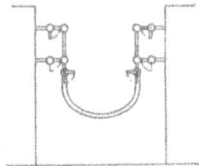

Abb. 54. Versuchsanordnung zur Untersuchung der Druckunterschiede in verschiedenen, miteinander gekuppelten Niederdruckdampfkesseln. Die Probierhähne zweier Kesselwasserstände werden durch einen sorgfältig mit Wasser gefüllt. Schlauch miteinander verbunden. Bei Schließen der unteren Wasserstandshähne und Öffnen der Probierhähne stellt sich das Wasser in den Gläsern so ein, daß der Höhenunterschied zwischen den beiden Wasserständen unmittelbar den Druckunterschied in den Kesseln anzeigt.

Gleichmäßiges Fallen läßt Druckunterschiede in den Kesseln vermuten, welche sicher dadurch festzustellen sind, daß man die Probierhähne zweier Kesselwasserstände miteinander verbindet (Abb. 54). Hierbei ist auf vollkommene Luftfreiheit des Schlauches ganz besonders zu achten. Öffnen der Probierhähne nach Abschluß der unteren Wasserstandshähne läßt unmittelbar den von keinen Schwankungen beeinflußten Druckunterschied erkennen. Bei gleichmäßiger Belastung der Kessel liegt dann der Fehler in der Dampfleitung, welche dem Abströmen des Dampfes ungleichmäßige Widerstände entgegensetzt. In der Regel wird man in diesem Falle Hindernisse in den Leitungen vorfinden, welche beseitigt werden müssen.

In den allermeisten Fällen werden Druck- und Wallungsverschiedenheiten zusammen auftreten. Dann ist eine ungleichmäßige Belastung der Kessel wahrscheinlich, die man durch sorgfältige Reinigung der Feuerzüge, Beseitigung von Abscheidungen auf der Wasserseite der Kesselheizfläche, durch Auskochen mit Säure oder mit Soda nach Angabe des leitenden Ingenieurs, sowie durch sorgfältige Zugregelung meist beseitigen kann. Ein planloses Probieren ohne vorherige Untersuchung bedeutet stets Zeit- und Arbeitsverlust.

Während bei den Warmwasserheizungen Schwankungen in der Verbrennung oder im Verbrauch der Wärme infolge des großen Wasserinhaltes der Anlage nur geringen und allmählich sich steigernden Einfluß auf die Wassertemperatur haben, nimmt bei der Niederdruck-Dampfheizung mit sehr geringem Wasserinhalt und stets nahezu gleicher Wassertemperatur bei solchen Schwankungen der Druck sehr schnell zu und übersteigt leicht die zulässige Höchstgrenze. Deshalb ist ein selbsttätiger Verbrennungsregler bei Niederdruck-Dampfheizungen unentbehrlich. Erst durch die Erfindung solcher Regler ist das System der Niederdruck-Dampfheizung praktisch durchführbar und lebensfähig geworden.

Wichtig ist es, daß der Regler von dem Kesseldruck selbst beeinflußt wird, und nicht von einem Druck in der Leitung, der vom Kesseldruck verschieden ist. Er soll deshalb unter allen Umständen unmittelbar an eine besondere Kesselbohrung angeschlossen werden, und die Verbindungsleitung ist möglichst kurz zu halten.

Der Verbrennungsregler bewegt eine Klappe, einen Schieber oder eine sonstige Absperrung, durch welche der Weg der frischen Verbrennungsluft oder derjenige der Rauchgase gedrosselt wird, oder durch die Nebenluft in den Schornstein gelassen wird, um seinen Zug zu verringern. Die Wirkung ist in allen Fällen um so vollkommener, je weniger sie durch unbeabsichtigt zuströmende Nebenluft gestört wird. Auf die Dichtheit der ganzen Rauchgaswege ist aus diesem Grunde der allergrößte Wert zu legen. Schwierigkeiten bereitet mitunter die Dichtung der im Kessel, vor allen Dingen im Sockel befindlichen Züge. Größte Aufmerksamkeit ist hierauf zu verwenden, besonders dann, wenn der Sockel in Rauchgasabzug und Aschenfall geteilt ist. Die Fugen der Trennungswände sind mit der äußersten Sorgfalt abzudichten und auch später regelmäßig zu prüfen.

Das Standrohr ist in seinem geringsten Durchmesser und der größten Höhe durch Reichsgesetz festgelegt. Indes wird die zulässige Höhe fast nie verwendet, und in der Regel richtet man das Standrohr so ein, daß schon bei einem um etwa 20—30 cm gegenüber dem Betriebsdruck gesteigerten Druck ein Abblasen eintritt.

Die Verbindung zwischen dem Standrohr und dem Kessel ist Wärmeverlusten und Dampfkondensation ausgesetzt. Das Niederschlagswasser soll nach Möglichkeit dem Kessel unmittelbar wieder zugeführt werden, ohne daß es in den eigentlichen Wasserabschluß gelangt, der keine Wasser führende Verbindung mit dem Kessel mehr hat. Man legt deshalb die Zuleitung zum Standrohr gern mit starker Steigung vom Kessel aus an. Ist das durch die örtlichen Verhältnisse undurchführbar, so sollte die Zuleitung kurz vor dem Standrohr kräftig entwässert werden (Abb. 50).

Trotzdem ist es nicht zu vermeiden, daß sich infolge der Wärmeabgabe des Standrohres selbst dieses etwas aus dem Kesselinhalt nachfüllt, und zwar bei ganz gleichmäßig bleibendem Dampfdruck bis zu der Höhe, von welcher aus ein Rückfließen zum Kessel möglich ist. Das Standrohr muß daher die Höhe haben, daß oberhalb des Anschlusses noch die Wassersäule stehen kann, die dem höchsten Betriebsdruck entspricht. Sonst ist zu befürchten, daß das Kondensat aus dem Standrohr austritt und verloren geht. Nach unten soll nur soviel an Höhe gelegt werden, als man zur Sicherheit gegen gar zu große Empfindlichkeit unbedingt gebraucht. Natürlich muß der Sack einen genügenden Wasserinhalt besitzen, daß er bei Inbetriebsetzung die ganze steigende Säule mit Wasser anfüllen kann, er ist also zweckmäßig gefäßartig zu erweitern.

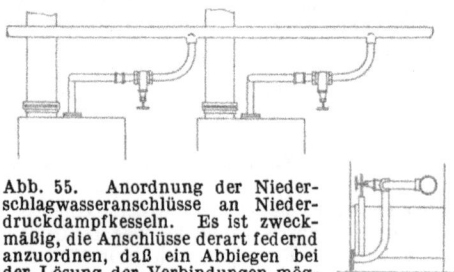

Abb. 55. Anordnung der Niederschlagwasseranschlüsse an Niederdruckdampfkesseln. Es ist zweckmäßig, die Anschlüsse derart federnd anzuordnen, daß ein Abbiegen bei der Lösung der Verbindungen möglich ist.

Standrohrausführungen, welche diesen Forderungen nicht genügen, haben zwar auch im Betriebe häufig recht gute Ergebnisse. Das hat aber zur Voraussetzung, daß nicht dauernd der Höchstdruck gehalten wird, sondern daß der Betriebsdruck in häufigeren Zwischenräumen so stark sinkt, daß das Wasser aus dem Steigerohr fällt und in den Anschluß bzw. die Entwässerung zurücktritt. Gelegentliche Druckverminderungen sind also für die Sicherheit gegen Wasserverluste dann nur vorteilhaft.

Um die notwendigen Schwankungen möglichst gering zu halten, sind die Zuleitungen zu dem Standrohr gegen Wärmeverluste in bester Weise zu schützen.

Signalpfeifen erfordern zum ordnungsmäßigen Arbeiten recht trockenen, möglichst hoch gespannten Dampf. Die Zuleitungen sollen deshalb reichlich groß und gut entwässert sein. Auch bei Anschlüssen von ½″ sind sie deshalb nicht kleiner als ¾″ auszuführen.

Die Pfeife für zu hohen Druck soll unter dem vollen Druck des Kessels, nicht dem verringerten eines Leitungsteiles stehen. Der An-

schluß soll deshalb entweder am Kessel selbst oder an einer Leitung mit
nahezu ruhendem Dampf, z. B. am Standrohr erfolgen.

Die Höhe des Eintauchrohres für die Pfeife für zu niedrigen
Wasserstand richtet sich ganz nach der Verbindung des Wasserstandsanzeigers mit dem Kessel. Ist der Wasserstand, dessen zu geringe Höhe
gemeldet werden soll, mit dem tiefsten Teil des Kessels verbunden, so
muß die Mündung des Eintauchrohres tiefer liegen, als wenn die Verbindung dicht unter dem niedrigsten Wasserstand liegt. Hierüber sind
in der Montagezeichnung oder durch allgemeine Anweisung genaue
Angaben zu verlangen.

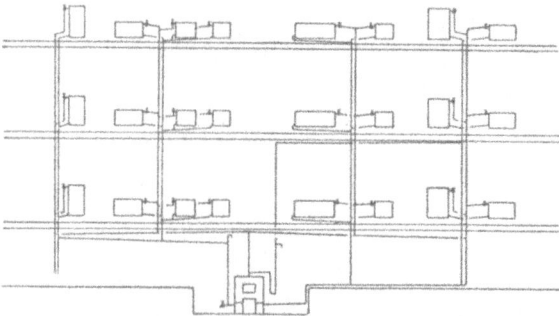

Abb. 56. Schematische Darstellung einer Niederdruckdampf-Heizung.
Dampfanschluß am Kessel senkrecht steigend, Standrohranschluß mit Stei-
gung. Die Dampfleitungen liegen im Keller mit Gefälle, an den Enden sind
sie durch Schleifen bzw. Leitungen bis unter Wasserstand entwässert. Die
Heizkörperanschlüsse haben teils schwache Steigung, teils sind sie neben den
Heizkörpern senkrecht hochgeführt. Der Kondensatanschluß ist bei kurzen
Heizkörpern einseitig, bei langen Körpern wechselseitig angebracht. Die
Hauptsammelleitung für das Niederschlagwasser ist links als »trockene«,
rechts als »nasse« Leitung ausgebildet. Links erfolgt die Entlüftung durch
die Niederschlagwasserleitung, der Luftknoten befindet sich in genügender
Höhe über dem Wasserstand des Kessels. Rechts ist eine besondere Luft-
leitung an Erdgeschoßdecke vorgesehen, die in das Standrohr eingeführt ist.

Die Absperrung der Kessel sowohl wie die der Leitungen sollen
gut zugänglich angeordnet sein, so daß ihre regelmäßige Öffnung
und Schließung, auch wenn hierzu zurzeit kein Bedarf vorliegt, leicht
vorgenommen werden kann. Nur häufig bewegte Absperrungen behalten ihre Gangbarkeit, nicht bewegte brennen sehr leicht fest und
sind im Falle der Notwendigkeit der Bedienung nicht zu bewegen bzw.
nicht dicht zu schließen.

Die Anbringung der Absperrungen ist so vorzunehmen, daß die Lösung
der Verbindung keinerlei Schwierigkeiten macht. Besondere Beachtung
verdient die Lage der mit Gewindeverbindung versehenen Kondens-
wasserabsperrungen der Kessel, bei denen eine leichte Federung zur
Lösung immer erforderlich ist. Zu kurze Anschlüsse sind fehlerhaft,
zweckmäßig ist es stets, dieselben etwas seitlich abzubiegen (Abb. 55).

Die Heizkörper. Beim Anheizen muß der Dampf die Luft aus den Heizkörpern verdrängen, später, während des Betriebes muß das Niederschlagwasser, welches sich infolge der Wärmeabgabe aus dem Dampf bildet, dauernd in dem Maße des Entstehens abgeführt werden. Da die Luft ebenso wie das Wasser schwerer ist als der Dampf, kann die gleiche Leitung zur Entfernung der Luft benutzt werden wie für das Wasser. Entlüftungs- sowie Entwässerungsanschluß sitzen zweckmäßig am tiefsten Punkte des Heizkörpers. Unbedingt zu vermeiden sind Wassersäcke in den Heizkörpern oder in den Anschlußleitungen, denn schon beim Anheizen, vor der vollständigen Entlüftung, gelangen größere Mengen Wasser in die Säcke und können unter Umständen die richtige Entlüftung und damit die Erwärmung der Heizkörper verhindern (Abb. 56).

Der Dampf als leichterer Körper wird, wenn nicht besondere Vorrichtungen getroffen werden, um das zu verhindern, immer an den höchsten Punkt des Heizkörpers steigen und sich von dort aus verbreiten. Die Einführungsstelle ist daher für die Erwärmung des Heizkörpers ohne Bedeutung. Bei der unteren Einführung, welche vielfach gewählt wird, wird stets beim Aufsteigen eine Mischung des Dampfes mit der Luft stattfinden und die Temperatur der Füllung wird entsprechend der Zusammensetzung des Gemisches herabgesetzt werden.

Eine gründliche, ziemlich gleichmäßige Mischung des Dampfes mit der Luft wird durch die verschiedenen Luftumwälzungssysteme erzielt, bei denen der Dampf mit großer Geschwindigkeit durch eine düsenartige Öffnung in den Hohlraum einströmt und der Dampfstrahl die umgebende Luft mit sich fortreißt und sich innig mit ihr vermischt. Nach einem, jetzt längst erloschenen Patent wird der Dampf durch ein Verteilungsrohr mit aufgesetzten Düsenöffnungen den Gliedern eines Radiators einzeln zugeführt, nach einem anderen jetzt ebenfalls freien Patent eine große Düse in den unteren Eintritt gesetzt, und der gesamte Luftinhalt in einen einzigen Dampfstrahlkreis hineingezogen.

Jeder Wassersack ist bei strenger Kälte dem Einfrieren ausgesetzt. Wenn durch den entstehenden Eispropfen der freie Durchfluß des Dampfes oder des Wassers behindert wird, entstehen beim Anheizen Wasserstauungen, welche trotz ihres hohen Anfangswärmeinhaltes wieder dem Einfrieren ausgesetzt sind und schließlich eine vollständige Füllung der Leitungen mit Eis bewirken können. Hierdurch ist nicht nur die Inbetriebsetzung der Anlage unmöglich, sondern es entstehen dadurch die schwersten Beschädigungen. Diese Erscheinung tritt besonders leicht in selten beheizten Gebäuden, wie Kirchen usw. auf. Hier ist es schon vorgekommen, daß nach einer größeren Betriebsunterbrechung während der strengen Kälte die Leitungen zunächst warm wurden, dann aber, nachdem sie sich mit Wasser gefüllt hatten, trotz andauernden guten Feuerns im Kessel allmählich erkalteten und schließlich ebenfalls einfroren und platzten.

Es darf aus diesem Grunde in den ganzen Leitungen, hauptsächlich aber in den Niederschlagwasserleitungen, kein Wassersack bleiben. Auch bei geschlossenem Ventil soll das Wasser nicht davor stehen bleiben. Dampfanschlüsse sind deshalb vom Strang aus in der Regel mit Steigung bis zum Ventil und dann mit Gefälle zum Heizkörper zu verlegen. Einzelheiten über die Anschlüsse werden noch bei den Leitungen dargestellt.

Bei Heizkörpern mit zwangläufiger Führung des Dampfes, wie z. B. Rippenheizkörpern aus S-Elementen (vgl. 1. Teil der Heizungsmontage) ist der Dampf- und Kondensanschluß ohne weiteres gegeben.

Bei Radiatoren mit oberen Dampfeintritt bildet bei kurzen Heizkörpern der einseitige Anschluß die Regel (Abb. 57). Längere Heizkörper, etwa solche von mehr als 15 Gliedern sollten des gleichmäßigen Anheizens wegen diagonal angeschlossen werden, d. h. der Dampfeintritt sollte sich auf der anderen Seite befinden als der Kondenswasseraustritt. Zu beachten ist, daß auf der Dampfeintrittseite stets Rechtsgewindestopfen verwendet werden.

Der diagonale Anschluß bedingt eine große Leitungslänge und durch das notwendige Gefälle einen beträchtlichen Höhenverlust. Um diesen zu vermeiden, werden mitunter auch die langen Radiatoren einseitig angeschlossen und der Dampfanschluß durch ein Einsteckrohr bis in eines der letzten Glieder verlängert. Es ist bei dieser Ausführung dafür zu sorgen, daß die Nippelverbindungen der Radiatorglieder nicht zu stark verengt werden, sondern daß der Dampf ohne zu großen Widerstand um das Rohr herum zu den vorderen Gliedern gelangen kann.

Bei unterem Dampfanschluß wird in der Regel der Eintritt und Austritt an den entgegengesetzten Enden des Heizkörpers liegen. Ohne Luftumwälzung kann dann durch den strömenden Dampf die Luft in der Schwebe gehalten werden, und der Dampf unmittelbar in den Kondensanschluß treten, den Heizkörper „abschneiden".

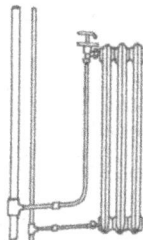

Abb. 57. Einseit. Anschluß eines hohen, kurz. Niederdruckdampf-Heizkörpers. Das Dampfrohr ist federnd, zunächst mit mäßiger Steigung, dicht am Heizkörper senkrecht in die Höhe geführt. Am höchsten Punkt befindet sich das Regulierventil m. Verschraubung. Die Kondensatleitung geht mit schwachem Gefälle zum Strang zurück.

Durch besondere Anschlußstücke mit Bohrung für Dampf und Kondensat und düsenförmiger Verlängerung des Dampfanschlusses wird diese Gefahr vermieden und gleichzeitig der Vorteil des einseitigen Anschlusses, die kürzeren Anschlußleitungen erzielt.

Die Ausrüstung der Heizkörper soll so ausgebildet sein, daß die Heizkörper wohl vollständig mit Dampf gefüllt werden können, daß aber auch beim höchsten Betriebsdruck Dampf in nennenswerten Mengen nicht in die Niederschlagwasserleitung tritt. Zu diesem Zweck wird an den Eintritt ein doppelt einstellbares Regulierventil gesetzt und die Kondenswasserleitung offen gelassen, oder es wird ein Absperrventil gewählt und das Durchtreten von Dampf durch einen Stauer oder einen Kondenswasserableiter verhindert. Einzelheiten über die verschiedenen Bauarten finden sich im ersten Teil der Heizungsmontage.

Bei der Inbetriebsetzung müssen die Ausrüstungsteile genau eingestellt werden, und zwar so, daß bei vollem Kesseldruck und gleichzeitiger Erwärmung aller Heizkörper diese vollständig dampfwarm sind, ohne daß die Kondensleitungen Dampf erhalten. Empfehlenswert ist es, zur besseren Feststellung dieses Zustandes in die Wasserleitung ein Kontroll-T-Stück einzuschalten, dessen Abgang beim Einstellen offen bleibt und gerade keinen Dampf auslassen darf. Leichte Dünste sind hier sehr wohl zulässig, diese werden nach Abschluß der Leitung schnell ganz niedergeschlagen und sind dann vollkommen unschädlich.

Die Einregulierung erfolgt entweder durch die Ventilvoreinstellung oder durch Kondenswasserabschlüsse. Die Verwendung beider Einrichtungen zu gleicher Zeit ist zwecklos und bedeutet nur eine Materialvergeudung.

Regulierhähne sind für Dampf nicht zu empfehlen, da sie unter Einfluß der hohen Temperaturen auch bei sorgfältigster Bearbeitung schnell festbrennen und dann eine Regelung nicht mehr zulassen.

Muß mit sehr hohem oder stark schwankendem Dampfdruck gerechnet werden, wie z. B. bei Abdampfheizungen, so ist die Verwendung von Regulierventilen nicht zu empfehlen, sondern die Ableiter sind dann vorteilhafter. Zu starke Drosselungen bedingen ein summendes bis pfeifendes Geräusch, welches sehr lästig wirkt. Dampfstöße machen jede Einstellung unmöglich.

Auch bei sehr langen Heizkörpern, wie z. B. Rohrschlangen bevorzugt man die Absperrventile und Ableiter, da sonst die Entlüftung beim Anheizen viel zu langsam vor sich geht.

Während bei der Verwendung der Regulierventile eine Beeinflussung aller Heizkörper durch den Wechsel des Kesseldruckes möglich ist, wenn auch nicht in dem vollkommenen Maße wie bei der Warmwasserheizung durch die Temperatur, ist sie bei Verwendung der Absperrventile und Ableiter bzw. Stauer ganz ausgeschlossen. Hier sind stets alle Heizkörper vollständig dampfwarm. Deshalb sollten in ein und derselben Anlage niemals teilweise Regulierventile, teilweise Absperrventile verwendet, sondern unter allen Umständen nur eine Art der Ausrüstung gleichmäßig gewählt werden. Das ist besonders zu beachten bei der Erweiterung bestehender Anlagen.

Da auch in den besten Kesseln nichtverdampftes Wasser vom Dampf mitgerissen wird, und da ferner durch die unvermeidlichen Wärmeverluste aus dem Dampf wieder Wasser entsteht, hat man in den Dampfrohrleitungen niemals reinen Dampf, sondern stets ein Gemisch von Dampf mit mehr oder weniger Wasser zu fördern. Diese Tatsache ist von entscheidendem Einfluß auf die Verlegung der Dampfleitungen.

Die geringste Strömungsbehinderung tritt ein, wenn sich Dampf und Wasser in gleicher Richtung bewegen. Man gibt deshalb der Dampfleitung nach Möglichkeit ein Gefälle in dieser Richtung (Abb. 56), so daß das Wasser der Schwerkraft folgen kann. Sofern nicht durch besonders schwierige Verhältnisse andere Maßnahmen notwendig sind, über die sich der Monteur aber stets vorher mit dem leitenden Ingenieur verständigen soll, sind auf 1 m Rohrlänge etwa 5 mm Gefälle zu geben.

Mitunter wird es nötig, auch die Dampfleitung zu einem Steigestrang mit Steigung zu verlegen. Das Wasser fließt dann dem Dampf entgegen und gibt bei unrichtiger Bemessung zu schweren Störungen Veranlassung. Unter allen Umständen wird der Rohrquerschnitt durch das Wasser erheblich verengt, und diesem Umstand ist schon bei der Bestimmung des Rohrdurchmessers Rechnung zu tragen. Steigende Leitungen von weniger als 20 mm l. D. sollten überhaupt nicht oder nur auf ganz kurze Endstrecken verwendet werden. Bei Längen bis zu etwa 2 m und entsprechender Wahl des Durchmessers kann man mit einer Steigung von 50 mm auf 1 m auskommen, bei längeren Strecken, besonders wenn sich in denselben Biegungen befinden, ist die Steigung stärker zu wählen.

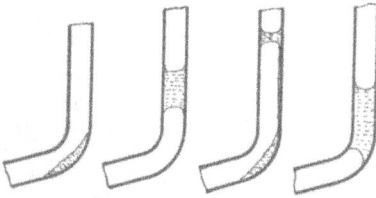

Abb. 58. Bildung eines Wasserpfropfens in dem Steigerohr einer Niederdruckdampf-Heizung. Zunächst befindet sich in dem Bogen nur wenig Wasser. Dieses wird vom Dampf in die Höhe geschleudert und bildet einen Pfropfen von geringer Höhe. Beim Aufsteigen fließt ein Teil des Wassers an der Wandung zurück, der Pfropfen wird immer kleiner. Das abfließende Wasser sammelt sich am Bogen und vereinigt sich mit neu hinzukommenden zu einem größeren Pfropfen, der nun wieder in die Höhe geschoben wird. Das Spiel wiederholt sich unter ständiger Vergrößerung des Pfropfens, bis ein Gleichgewichtszustand durch vollständigen Stillstand oder durch Abfluß des hinzukommenden Wassers nach oben eintritt.

Gerade den Bögen ist größte Beachtung zu schenken, da sich hier sehr leicht Wasserverstopfungen bilden. Der Vorgang ist etwa folgender: Aus dem vertikalen Teile fällt dem Dampf entgegen ein kleines Tröpfchen Wasser (Abb. 58), welches zunächst in dem Bogen zur Ruhe kommt. Der nachströmende Dampf schmeißt das Wasser in den Strang zurück in die Höhe, hier vereinigt es sich mit anderen neugebildeten Wasserteilchen, vergrößert sich, und nach mehrmaligem Spiel ist es so angeschwollen, daß es den ganzen Rohrquerschnitt ausfüllt. Jetzt drückt der Dampf von unten wie gegen einen Kolben und hebt den Propfen in die Höhe. An den Wänden gleiten dabei aber ständig Wasserteile herunter, der Propfen wird beim Steigen kleiner, gleichzeitig aber bildet sich in dem Bogen unten ein neuer Propfen. Gelangt eine ge-

nügende Menge Wasser bis zu einem Abzweig, durch den es ohne weitere
Störung des Dampfweges abfließen kann, so wird nach einiger Zeit ein
Beharrungszustand eintreten, in welchem der Strang teilweise mit Wasser gefüllt ist, während Dampf stoßweise oben in den Heizkörper eintritt. Mitunter genügen diese Dampfstöße noch zur richtigen Erwärmung. Bei nur teilweisem Warmwerden der Heizfläche kann man aus
dem stoßweisen Austreten des Dampfes aus dem geöffneten Ventil
auf Erscheinungen der beschriebenen Art schließen.

Kann das Wasser nicht oben abfließen, so vergrößert sich der
Propfen derart, daß er vom Dampfdruck schließlich nicht mehr gehoben
werden kann, und dann erkaltet der Strang ziemlich schnell.

Wenn der Rohrdurchmesser in dem Bogen so groß gewählt wird,
daß nur eine kleine Dampfgeschwindigkeit erforderlich ist, bei welcher
das Wasser aus dem Bogen dem Dampf entgegenfließen kann, so bleibt
der Querschnitt des Stranges frei. Starke Steigung des Dampfrohres
zum Strange hin begünstigt den Abfluß des Wassers.

Das Wasser, welches die Dampfströmung unter allen Umständen
ungünstig beeinflußt, muß im Verlauf des Dampfweges auf irgend eine
Weise aus diesem entfernt werden. Die Ausführung der Entwässe-
rungsvorrichtungen wird weiter unten noch ausführlicher besprochen.
Es muß wieder zum Kessel zurückgeführt werden, und deshalb muß eine
irgendwie geartete Verbindung mit dem Kessel hergestellt werden.

In diese Verbindung wird durch den Kesseldruck Wasser gepreßt,
und zwar um so höher, je geringer der von der Dampfleitung her auf
dem Wasser lastende Druck ist. Um jede Störung durch eingedrücktes
Wasser zu verhindern, tut man gut, die Dampfleitung an allen Stellen
so hoch zu legen, daß sie auch bei vollständigem Verlust des gesamten
Dampfdruckes vom Kessel her wasserfrei bleibt, sie also höher als die
sog. Druckgrenze zu legen. Nur wenn man vollständig sicher ist, daß
der Dampfdruck an der Verbindungsstelle genügend groß ist, um das
Wasser aus der Dampfleitung fernzuhalten, darf man von dieser Regel
abweichen. Die Druckverhältnisse sind aber stark von der zu fördern-
den Dampfmenge und von den Rohrdurchmessern abhängig und können nur auf Grund einer sorgfältigen Berechnung richtig abgeschätzt
werden. Deshalb sind solche Tieferlegungen nur auf Anordnungen des
Ingenieurs und auf Grund genauer Höhenangaben zulässig. Besonders
häufig wird der Fall der Tieferlegung bei Dampfverteilern in nächster
Nähe des Kesselhauses eintreten.

Kondensleitung. Um das in den Leitungen und in den Heizkörpern gebildete Niederschlagwasser zum Kessel zurückzuführen,
wird eine besondere Leitung, die Kondensleitung, gelegt. Bei den gewöhnlichen Anlagen soll das Zurückströmen ohne besondere Hilfsmittel lediglich durch die Schwerkraft erfolgen.

Wenn die Leitung vollständig mit Wasser gefüllt ist (Abb. 56
rechts), so genügt zur Bewegung des Wassers ein gewisser Überdruck
gegenüber dem Kessel. Das Wasser wird also in diesem Teil der Leitung
etwas höher stehen als es durch den Kesseldruck gehoben wird. Die
Art der Verlegung des Rohres ist, wenn Luftpropfen vermieden werden,
vollständig ohne Bedeutung. Luftsäcke, welche bei der Füllung der

Anlage nicht ohne weiteres beseitigt werden, stören den Rückfluß. Die Erfahrung hat gezeigt, daß diese Luftpfropfen später nicht zu entfernen sind, und der Wasserbewegung ein ebenso großes Hindernis entgegensetzen wie vollständige feste Verstopfungen. Wegen etwaiger Frostgefahr ist an den tiefsten Stellen eine Entleerungsmöglichkeit vorzusehen. Um diese nicht auf mehrere Stellen in der Anlage zerstreut zu bekommen, legt man möglichst die Leitung mit schwachem Gefälle zum Kessel, so daß nur hier ein tiefster Punkt entsteht.

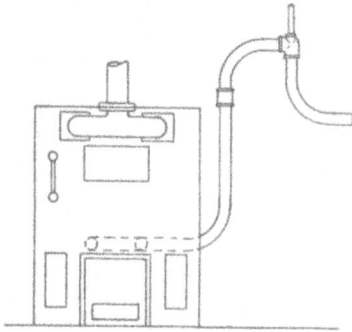

Abb. 59. Stauschleife oder künstlicher Wasserstand bei Rückführung des Kondensates in einer Sammelleitung innerhalb der Druckgrenze. Um ein starkes Schwanken des Wasserstandes in dem Niederdruckdampfkessel bei wechselndem Druck zu vermeiden, wird die Niederschlagswasserleitung unmittelbar am Kessel um einige Zentimeter in die Höhe geführt, so daß nur aus dem kurzen, senkrechten Teil das Wasser bei fallendem Druck in den Kessel gelangen kann. Am höchsten Punkt wird eine Verbindung mit der Luftleitung hergestellt, um ein Leersaugen der Stauschleife durch Heberwirkung unmöglich zu machen.

Betriebsverhältnisse dieser Art liegen stets vor, wenn die Kondensleitung unterhalb des Wasserspiegels im Kessel liegt. Die Leitung führt dann nur Wasser, sie ist vollständig mit Wasser gefüllt und heißt kurz auch eine „nasse" Leitung.

Liegt die Leitung zwar über dem Wasserstand, aber tiefer als die Druckgrenze, so treten bei vollem Kesseldruck die gleichen Verhältnisse ein, wie oben beschrieben. Bei geringem Druck aber entleert sich die Leitung, um bei steigendem Druck wieder Wasser aufzunehmen. Bei dem geringen Wasserinhalt der gußeisernen Kessel würden ohne besondere Vorsichtsmaßnahmen hierbei recht bedenkliche Wasserstandsschwankungen entstehen. Man versieht solche Leitungen deshalb mit einer „Stauschleife" oder einem „künstlichen Wasserstand" (Abb. 59).

Das Rohr wird unmittelbar ehe es unter den Kesselwasserstand fällt, um ein geringes, meist 20—30 cm in die Höhe geführt. Um eine Heberwirkung bei fallendem Druck zu vermeiden, wird die Schleife am höchsten Punkt durch ein offenes Rohr belüftet.

In beiden Fällen, sowohl bei der nassen Kondensleitung als auch bei der mit Stauschleife, kann durch diese Leitung keine Luft entweichen. Die aus den Heizkörpern verdrängte Luft muß deshalb durch besondere Luftleitungen abgeführt und möglichst ebenfalls zum Kesselhaus befördert werden (Abb. 56 rechts). Es ist durch die Heizkörperregelung dafür Sorge zu tragen, daß die Luftleitung dampffrei ist. Spuren von Dampf, die trotz aller Vorsicht nicht ganz vermieden werden, werden in dieser Leitung durch Abkühlung schnell niedergeschlagen, und es ist durch entsprechende Verbindung mit der Kondensleitung für eine genügende Entwässerung zu sorgen. Da in der Luftleitung nach dem Anheizen keinerlei Strömung vor sich zu gehen braucht, ist die Art ihrer Verlegung ziemlich gleichgültig. Nur Säcke, in denen sich Wasserverschlüsse bilden könnten, sind zu vermeiden, und ihre Höhenlage ist so zu wählen, daß kein Wasser hineingedrückt werden kann, d. h. sie muß höher liegen als die Druckgrenze, und zwar mindestens um 20—30 cm.

Meist wird die Kondensleitung gleichzeitig zur Abführung der Luft verwendet, und nur teilweise mit Wasser gefüllt (Abb. 56 links). Sie heißt dann fälschlicher Weise eine trockene Kondensleitung. Eine solche Leitung muß im ganzen Verlauf genügend hoch über der Druckgrenze liegen, meist legt man den tiefsten Punkt, den „Luftknoten" 20—30 cm höher als diese. Das Wasser hat als Antriebskraft hier lediglich das Gefälle der Leitung, welches zweckmäßig mit 5 mm, keinesfalls aber mit weniger als 2—3 mm auf 1 m Rohrlänge gewählt wird. Bei geringerem Gefälle sind ausdrücklich entsprechende Angaben in der Montagezeichnung zu verlangen.

Am Luftknoten wird eine Trennung des Wassers von der Luft vorgenommen. Die Luft wird durch ein offenes Rohr in die Höhe und ins Freie geführt, das Wasser fällt herunter in den Kessel, die Kondensleitungen sind von hier ab naß.

Durch das Gefälle der Dampfleitung, die Lage des höchsten Punktes der Kondensleitung unter dem tiefsten Punkt der Dampfleitung und das Gefälle der Kondensleitung ist für die Höhenlage des Luftknotens schon eine Grenze gesetzt. Ein Heraufrücken durch Nichtbeachtung der Regeln für das zulässige Gefälle muß Störungen in der Wirkung der Anlage hervorrufen. Da der Luftknoten genügend hoch über der Druckgrenze liegen muß, diese aber durch die Ausführung des Kessels, den Wasserstand und den für die Dampfförderung notwendigen Druck bestimmt ist, erkennt man ohne weiteres die Wichtigkeit einer genügenden Kesselraumvertiefung. Bei zu geringer Vertiefung wird der Luftknoten leicht vorzeitig durch das aus dem Kessel aufsteigende Wasser verschlossen, die Anlage kann nicht entlüften und daher nicht richtig warm werden.

Die Entwässerungen sind so anzulegen, daß die Hauptmenge des Wassers zunächst einen möglichst geraden Weg findet. Wenn es sich also darum handelt eine horizontale Leitung von dem mitgerissenen oder unterwegs gebildeten Wasser zu befreien, so wird man zweckmäßig in Richtung des Dampfweges eine horizontale Strecke einschalten, während man den Dampf in scharfem Knick nach oben führt (Abb. 60). Diese Ausführung kommt immer dann in Frage, wenn die Dampf- verteilungsleitung unterwegs entwässert wer- den soll. Will man dagegen das aus einem höheren Strang rückfließende Kondensat von der Horizontalleitung fernhalten, so gibt man der Entwässerung einen senkrecht nach unten führenden Anschluß (Abb. 61).

Erfolgt die Entwässerung in eine voll- ständig nasse Kondensleitung so genügt eine einfache Rohrverbindung in senkrechter Richtung. Daß der Entwässerungspunkt eine genügende Höhe über dem Kesselwasser- stand haben muß, ist bereits früher dar- gelegt worden.

Bei Überführung des Wassers in eine trockene Leitung oder eine solche mit Stau- schleife läßt es sich bei Verwendung eines ein- fachen Rohres nicht vermeiden, daß Dampf mit dem Wasser in diese Leitung tritt. Es wird deshalb ein auch bei höchstem Druck sicher wirkender Wasserabschluß, eine sog. Schleife oder Syphon eingeschaltet (Abb. 61). Das Wasser wird abwärts und wieder auf- wärts geführt, und der Sack so hoch gemacht, daß der aufsteigende Teil auch bei dem höch- sten Druck nicht herausgedrückt werden kann. Mit Rücksicht auf Druckschwankun- gen und dadurch leicht eintretende Pendel- bewegung des Wassers wird die Höhe meist doppelt so groß gemacht, als die Kessel- druckhöhe, mindestens aber 1 m größer als diese. Die Entwässerungen sollen gerade beim Anheizen wirksam sein, zu einer Zeit, wenn die Dampfleitung noch ganz ohne Druck ist. Deshalb müssen der Ein- und Austritt so gelegt sein, daß das Wasser stets gut abfließt, d. h. der Austritt und damit der Beginn der Kondensleitung muß tiefer liegen als der entwässerte Punkt der Dampfleitung.

Liegt die Kondensleitung als nicht nasse

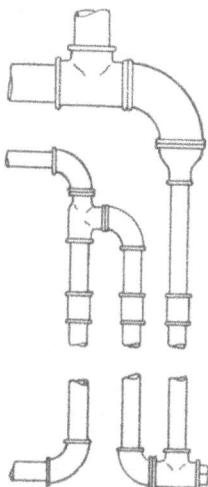

Abb. 60. Anordnung ein. dreifachen Entwässe- rungsschleife mit An- schluß des höchsten Punktes vom steigen- den Schenkel an die Luftleitung. Die Ent- wässerung ist in der Hauptsache zur Abfüh- rung des Wassers aus der Horizontalleitung eingerichtet, das Wasser strömt in der Dampf- richtung weiter, wäh- rend der Dampf im scharfen Winkel nach oben geführt wird. — Der Wassersack ist mit einem horizontal ge- richteten Stopfen ver- schlossen, nach dessen Entfernung man durch das Wasserrohr mit einem Draht durch- stoßen kann.

Leitung am Fußboden oder doch so tief, daß die Schleife von der richtigen Länge nicht mehr unterhalb der Leitung Raum findet, so muß an dem Austrittspunkt ein Rohr abwärts geführt werden (Abb. 60). Eine solche Anordnung wird wohl als dreifache

Schleife bezeichnet. Hierbei besteht die Gefahr, daß bei starkem Wasser-
anfall der zur Kondensleitung absteigende Teil heberartig saugend
wirkt und den Wasserverschluß beseitigt. Man begegnet einer solchen
Störung durch Aufsetzen eines besonderen Be-
lüftungsrohres, durch welches an Stelle des
Wassers nur Luft angesaugt werden kann.

Alle Unreinlichkeiten aus dem Wasser,
Schmutz, welcher sich in den Rohren befand,
losgelöster Zunder, Reste von Dichtmaterial
usw. sammeln sich leicht in den Schleifen an
und verhindern dann ihre Wirksamkeit. Deshalb soll jede Wasserschleife gut reinigungs-
fähig ausgebildet werden und möglichst so
angeordnet sein, daß man das Rohr leicht
durchstoßen kann. Am unteren Ende muß
deshalb ein Stopfen angebracht werden
(Abb. 60—62), nach dessen Lösung das Wasser
und der Schlamm abfließt. Der Stutzen für
den Stopfen ist so zu legen, daß man auch
bequem mit einem Draht hineinfahren kann.
Deshalb ist die Ausführung nach Abb. 61
nur dann zu empfehlen, wenn noch genügende
Höhe unter der Schleife verfügbar ist. Ist
es nötig, das untere Ende der Schleife in
eine Grube oder sonst unzugänglich zu verlegen, so sind die Schenkel mit einer leicht
lösbaren Verbindung zu versehen, so daß man
ohne viel Mühe die ganze Schleife abnehmen
und ausspülen kann. Am besten wählt man
hier eine Flanschverbindung.

Bei hohen Drucken, wie sie z. B. für
Wäscherei- und Kochereibetriebe erforderlich
sind, werden die Schleifen unzulässig lang.
Auch bei stoßweise wechselndem Druck, wie
z. B. bei dem Abdampf einer Kolbendampf-
maschine ist die Verwendung von Schleifen

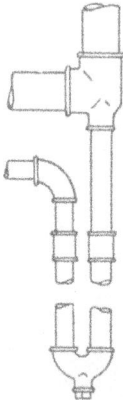

Abb. 61. Gewöhnliche
Schleife zur Entwässe-
rung eines Stranges. Das
im Steigerohr gebildete
Kondensat fällt senk-
recht unmittelbar in die
Schleife. Die Fortleitung
des Niederschlagwassers
beginnt unterhalb der
Dampfleitung. Reini-
gungsstopfen für den
Sack in einem Doppel-
bogen, so daß beide
Schenkel durchgestoßen
werden können. Unter-
halb des Stopfens ist
noch genügend Raum
freizulassen.

nicht empfehlenswert, da der Wasserverschluß stark in Pendelbewegung
gerät und auch herausgeschleudert werden kann, wenn der Druck viel
geringer ist, als der Höhe der Schleife entspricht. In diesen Fällen wird
der Wasserverschluß durch Kondenswasserableiter ersetzt, welche dem
Wasser den Weg freigeben, bei Dampfeintritt aber schließen. Die Bauart und Wirkungsweise solcher Ableiter ist im 1. Teil der Heizungsmontage ausführlich beschrieben. Besondere Beachtung verdient, daß
diese Apparate ziemlich träge arbeiten, und daß es deshalb zweckmäßig
ist, vor den Ableiter einen Behälter mit ausreichend großem Inhalt anzubringen, daß das ganze bis zur genügenden Abkühlung sich ansam-
melnde Wasser Platz darin findet. In der Regel genügt es, das Zufluß-
rohr etwas lang zu nehmen, vielleicht auch die Abmessung größer zu
wählen, als den Anschluß des Ableiters.

Über die Dampfanschlüsse der Heizkörper ist bereits gesagt, daß sie mit Steigung vom Strang bis zum Ventil und von da mit Gefälle zum Heizkörper geführt werden sollen. Anschlüsse, welche über den ganzen Heizkörper hinweggeführt werden und bei denen das Ventil in der Heizkörperachse sitzen soll, werden deshalb nach Abb. 63 ausgeführt, während bei vollständig seitlich liegender Zuführung besser die Art nach Abb. 57 gewählt wird. In vereinzelten Fällen, besonders wenn es sich um Kellerheizkörper handelt, bei denen die Zuleitung an Decke liegt, ist diese Art des Anschlusses nicht durchzuführen, sondern es muß Gefälle auch bis zum Ventil gegeben werden. In einem solchen Falle empfiehlt es sich, wenn nicht der Raum gegen Frostgefahr vollständig gesichert ist, eine Entwässerung des Anschlusses auch bei geschlossenem Ventil in der Weise durchzuführen, daß der Ventilkegel etwa 1—2 mm stark angebohrt wird, so daß er das Wasser durchläßt. Ein Anfeilen der Dichtfläche ist deshalb zu verwerfen, weil der Kerb leicht bei einem späteren Nacharbeiten abgeschliffen und nicht wieder hergestellt wird.

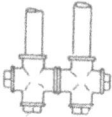

Abb. 62. Unterer Schleifen-
verschluß, bei welchem alle
Rohrteile vollständig freigelegt
werden können. Es sind viele
Verbindungsstellen vorhanden,
und es wird selten möglich
sein, alle Stopfen gut zugänglich zu machen.

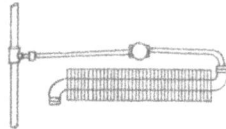

Abb. 63. Verbindung eines
Rippenheizkörpers mit dem
Dampfstrang. Das Regulierventil liegt in der Mitte über
dem Heizkörper an der höchsten Stelle der Anschlußdampf-
leitung.

Den Weg des Wassers in den Dampfleitungen überläßt man besser nicht dem Zufall der Montagedurchführung, sondern man schreibt ihn durch entsprechende Anordnungen genau vor. Bis zu den Hauptentwässerungen legt man ständiges Gefälle, Abzweige mit kleineren Wasserabführungsrohren werden an der Hauptleitung zunächst mit Steigung abgenommen. Diesen Zweck hat es auch, daß man Kellerheizkörper an die Hauptleitung so anschließt, daß der Abzweig nach oben zeigt, das Rohr dann umkehrt und zum Heizkörper fällt. Der Anschluß bleibt dadurch nicht etwa wasserfrei, durch Abkühlung bildet sich in demselben stets von neuem Wasser. Aber durch das Ventil sind nur diese geringen Wassermengen abzuführen, während der Hauptstrom in der Verteilungsleitung weiter geht.

Die Dampfleitungen unterliegen besonders stark der Ausdehnung durch die Erwärmung. Dem muß in weitgehendem Maße durch Einschaltung federnder Teile Rechnung getragen werden. Ungenügende Berücksichtigung der Dehnung hat gewaltsame Formänderungen zur Folge, welche sich an den schwächsten Teilen der Rohrleitung, das sind die Gewindeverbindungen, in erster Linie zeigen. Diese werden dann auch bei sorgfältigster Ausführung nach kurzer Zeit undicht.

Bei großen geraden Strecken werden die im 1. Teil ausführlich besprochenen Kompensatoren eingebaut, welche sich ohne Gefährdung irgendwelcher Teile und ohne Erzeugung zu starker Spannungen weit zusammendrücken lassen. Die Wirksamkeit dieser sowie aller anderen dem gleichen Zweck dienenden Einrichtungen wird wesentlich erhöht, wenn sie mit Vorspannung verlegt sind, d. h. wenn im kalten Zustande eine starke Spannung hergestellt wird, welche bei mittlerer Temperatur gerade aufhört und bei weiterer Temperatursteigerung in die entgegengesetzte übergeht. Handelt es sich um den Ausgleich geringer Längenänderungen, wie z. B. bei dem Sammler einer Kesselbatterie (Abb. 64), so genügt es, die Vorspannung dadurch herzustellen, daß die Rohrleitungsteile ein wenig zu kurz geschnitten und dann durch die Schrauben der Flanschverbindungen zusammen gezogen werden. Größere Vorspannungen z. B. bei Kompensatoren werden durch Eintreiben von Keilen bei der Montage oder ähnliche Mittel hergestellt.

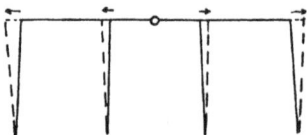

Abb. 64. Verlegung einer Dampfleitung mit mehreren Abzweigen mit Rücksicht auf die Ausdehnung durch die Wärme (Anschluß einer Kesselbatterie). Im kalten Zustande werden die Rohre »mit Vorspannung« so verlegt, daß bei geringer Dehnung eine Entspannung eintritt und bei voller Erwärmung (gestrichelt) eine Spannung im entgegengesetzten Sinne vorhanden ist.

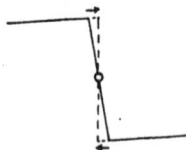

Abb. 65. Verlegung einer Dampfverteilungsleitung mit natürlicher Ausdehnung. Durch ein quer eingeschaltetes Verbindungsstück ist es der Hauptleitung möglich, sich zu verschieben. Die Verlegung erfolgt zweckmäßig auch mit Vorspannung.

Wenn irgend möglich schafft man die Dehnungsmöglichkeit durch die Anordnung der ganzen Rohrleitung. Hinter eine längere gerade Rohrstrecke wird senkrecht zu ihrer Richtung eine Ausgleichsstrecke geschaltet, welche bei der Verschiebung der Hauptstrecke schwach gebogen wird (Abb. 65). Die Bestimmung der richtigen Längen hierfür ist Sache des entwerfenden Ingenieurs, welcher das Ergebnis seiner Berechnung in der Montagezeichnung deutlich zum Ausdruck bringen muß.

Mitunter kann sich eine längere gerade Strecke auch in sich selbst dadurch kompensieren, daß, wenigstens bei dünnen Röhren, kaum merkliche Ausbauchungen statfinden, daß sich also das ursprünglich gerade Rohr in Schlangenlinien legt (Abb. 66).

Sehr wesentlich ist es, daß die Bewegung immer genau in der geplanten Weise erfolgt, und daß der beabsichtigten Dehnung kein Hindernis im Wege steht. Die Rohrleitung wird deshalb an einigen Stellen durch Schellen oder dgl. festgehalten, zwischen diesen Festpunkten aber werden Führungen nur so gelegt, daß eine freie Bewegung möglich ist. Im allgemeinen müssen deshalb die Rohrschellen das Rohr frei beweglich lassen, sie sollen nur gegen unbeabsichtigte seitliche Ausbiegungen schützen. Auch Rohrhülsen müssen so angelegt werden, daß die notwendige Bewegung nicht behindert wird.

Abb. 66. Dehnung einer an mehreren Punkten festgelegten geraden Leitung ohne besondere Ausdehnungsvorrichtung. Das Rohr biegt sich, wenn es schwach genug ist, wellenförmig aus.

Eine längere Dampfverteilung mit Abzweigen wird daher zweckmäßig so gelegt, daß etwa in der Mitte eine Festschelle angebracht wird, daß beide Enden frei beweglich in langen Hängeeisen oder sonstigen beweglichen Lagern liegen, während die Abzweige so lang gemacht werden, daß sie der Bewegung der Abzweigpunkte ohne Schädigung des Rohres folgen können (Abb. 67). Die Steigestränge werden, wenn die Höhe nicht zu groß wird, unten durch eine Aufhängung gegen Herabfallen gesichert. Der ganze Schub wirkt dann nach oben, der Strang muß sich also in allen Schellen frei bewegen können. Die Abzweige müssen soviel nachgeben können, daß die Dichtheit durch die Bewegung des Stranges nicht leidet. Liegt der Strang in der Wand und werden die Anschlüsse durch Mauerhülsen herausgeführt, so sind diese so zu legen, daß bei der Erwärmung ein Spielen nach oben erfolgen kann. Befestigungsschellen dicht über den Formstücken sind durchaus fehlerhaft, da sie die Dehnung des Stranges nach oben verhindern. Die Schellen gehören darunter oder in die Mitte des Stranges.

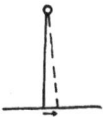

Abb. 67. Anschluß eines Dampfstranges an die Verteilungsleitung mit Rücksicht auf die Dehnung der Verteilung. Eine Dehnung derselben ist durch die Länge des Anschlusses möglich, ohne daß der Strang zu starken Spannungen unterworfen wird.

Abb. 68. Anschluß eines Dampfstranges an die Verteilungsleitung mit Rücksicht auf die Dehnung des Stranges durch Wärme nach unten. Die Anschlußleitung wird vom Strang nach unten gedrückt, sie muß aber auch dann noch genügend Steigung haben, um einen Rückfluß des Kondensates zu sichern.

Die Hängeeisen für die Kellerleitung sollen lang genug sein, daß sie ohne zu starke Schrägstellung der Bewegung des Rohres folgen können. Zweckmäßig wird auch hier die Dehnung geteilt, indem die Aufhängungen im kalten Zustande schon etwas schräg gesetzt werden, derart, daß sie bei der Erwärmung über die senkrechte Lage in die entgegengesetzte Schräge geschoben werden (Abb. 64—67). Zur richtigen Bestimmung dieser Ausschläge ist zu beachten, daß sich Niederdruckdampfrohre auf je 1 m Länge um etwa 0,8—1,0 mm verlängern.

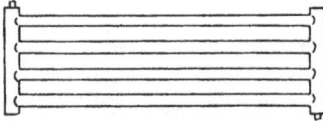

Abb. 69. Rohrregister mit starr in Sammelstücken befestigten geraden Rohren. Eine Dehnung der einzelnen Lagen unabhängig voneinander ist nicht möglich, es treten sehr starke Spannungen besonders an den Schweißstellen auf, diese neigen daher zur Bildung von Undichtheiten.

Eine nicht beabsichtigte Bewegung ist durch die Bauart der Lagerung zu verhindern. Für Verschiebung nur in Richtung der Rohrachse kommen deshalb neben den Aufhängungen vor allen Dingen die Rollenlager in Betracht, während Kugellager nur da zu verwenden sind, wo die Bewegung nach allen Richtungen frei sein soll. Die Verhinderung der Bewegung solcher Lager in irgend einer Richtung, z. B. durch Befestigung an der Wand mittels Ketten ist ein Unding.

Wird ein Steigestrang nicht am tiefsten Punkt, sondern etwa in der Mitte festgehalten, so ist bei dem Abzweig von der Verteilung darauf Rücksicht zu nehmen, daß sich untere Strangende nach unten schiebt, und dadurch die Steigungsverhältnisse des Abzweiges verändert werden. Die Gesamtsteigung ist um mindestens das Maß des zu erwartenden Schubes größer zu wählen, als es ohne diese Dehnung nötig wäre (Abb. 68).

Bei der Herstellung von Rohrregistern ist auf die Dehnung besondere Rücksicht zu nehmen, und es ist zu beachten, daß die einzelnen Lagen selten vollständig gleichzeitig warm werden. Deshalb müssen sie nicht nur im ganzen, sondern auch jede Lage getrennt für sich dem Schube nachgeben können. Eine Ausführung nach Abb. 69 ist daher durchaus fehlerhaft. Die Anschlüsse sind einzeln an jedes Rohr federnd heranzuführen, und ebenso erfolgt die Wasserableitung zweckmäßig durch federnde Rohre (Abb. 70).

Für einen sparsamen Betrieb von sehr großer Bedeutung ist ein guter Wärmeschutz der nicht zur Heizung bestimmten Rohre. Auf diese Umhüllung ist bei der Verlegung der Rohre schon Rücksicht zu nehmen, und die einzelnen Leitungen sind deshalb soweit auseinander zu legen, daß sich die Umhüllung später leicht anbringen läßt. Der Isolierer darf unter keinen Umständen dazu veranlaßt oder gar gezwungen werden, mehrere Rohre gemeinsam in eine Hülle zu legen. Bei der ungleichmäßigen Erwärmung würde dann der Wärmeschutz sehr schnell abplatzen und seine Wirksamkeit verlieren.

Die Stellen, an denen die Rohre beweglich gelagert werden, sind bezüglich des Wärmeschutzes besonders zu beachten. In der Nähe von Rohrschellen und meist auch bei Konsolen muß die Isolierung auf der Strecke, um welche sich das Rohr verschiebt, nackt bleiben, wenn nicht besondere Vorrichtungen angeordnet werden, durch welche diese Halter nicht das Rohr, sondern die Wärmeschutzhülle fassen. Über diesen Punkt sei auf den ersten Teil verwiesen.

Die fertig gestellte Anlage muß einer sorgfältigen Probe unterzogen werden, damit nicht später Klagen über mangelhafte Ausführung oder unzureichende Wirkung kommen.

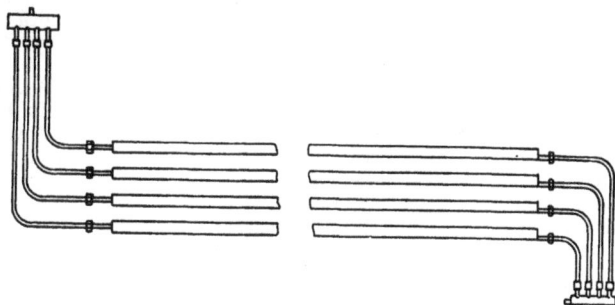

Abb. 70. Register aus glatten Rohren mit gut federnden Anschlüssen an die Sammelstücke für Dampf und Kondensat.

Zur Untersuchung auf Dichtheit wird häufig eine Druckprobe verlangt. Diese macht stets viel Schwierigkeiten, der Erfolg ist aber ein sehr geringer.

Besonders bei Dampfheizungen ist es äußerst schwer, das ganze System mit Wasser zu füllen, und bei Verbleib größerer Luftmengen sinkt im Falle von Undichtheiten der Druck so langsam, daß es kaum zu merken ist, während gleichzeitig, wenn eine Undichtheit gerade an einem lufterfüllten Teil auftritt, auch durch Wassertropfen davon außen nichts zu merken ist. Häufig halten auch die Anlagen den kalten, selbst sehr hohen Druck gut aus, werden aber bald nach dem mehrmaligen Anheizen und Erkalten undicht.

Deshalb sollte eine Dichtigkeitsprobe stets in der Weise vorgenommen werden, daß man die Anlage mehrere Male auf die höchstmögliche Temperatur bringt und wieder abkühlen läßt, und dann im Betriebe alle Teile, besonders die empfindlichen Rohrverbindungen genau besichtigt.

Zur ersten Inbetriebsetzung der Anlage wird durch vorsichtiges Feuern des Kessels der Druck ganz allmählich gesteigert und dabei die ganze Anlage genau beobachtet. Sind alle Teile gut erwärmt, so wird der Kesseldruck abgelesen und als Betriebsdruck am Manometer kenntlich gemacht.

Die Einregelung der Heizkörper erfolgt dann bei möglichst gleichbleibendem Druck. Sind bei Verwendung von Regulierventilen Kontroll-T-Stücke eingeschaltet, so ist die Einstellung auf Grund des Entweichens der Dünste leicht und einfach. Fehlen sie, so muß durch Befühlen der Körper bzw. des Kondenswasseranschlusses der Erfolg festgestellt werden. Es ist ratsam, dann nicht etwa so vorzugehen, daß man die Ventile allmählich schließt, denn bei diesem Verfahren kann man leicht zu der Ansicht kommen, daß die Heizfläche noch von Dampf bespült wird, während in Wahrheit die Wärme des Eisens, die noch nicht ausgestrahlt ist, fühlbar wird. Besser ist es, erst das Ventil so weit zu schließen, daß der Heizkörper nicht vollständig warm wird, und es dann allmählich nach Bedarf zu öffnen. Unter allen Umständen ist eine längere Zeit, meist 10—15 Minuten abzuwarten, ehe man den Erfolg der Verstellung an der Heizfläche merken kann.

Die Einstellung der Heizkörper mit Stauern oder Ableitern kann erst nach einer gründlichen Reinigung vorgenommen werden. Zu diesem Zwecke wird, wie bei der Probe, die Anlage mehrere Male bei vollständig geöffneten Abschlüssen — am besten werden die Einlagen, die Staukörper oder die Ventilkegel vollständig herausgenommen — mehrfach erwärmt, derart, daß der Dampf stark durchbläst und alle Unreinlichkeiten fortreißt, und dann in ähnlicher Weise wie bei den Regulierventilen verfahren.

Nach der Regelung der Heizkörper erfolgt nochmals eine Drucksteigerung bis zum Abblasen des Standrohres, alsdann die Untersuchung auf Dichtheit, und dann kann die Anlage, wenn sich keine Störungen mehr zeigen, als in Ordnung befindlich übergeben werden. Erst dann darf zugegeben werden, daß die Schlitze verputzt, die Durchbrüche durch Decken und Wände geschlossen und der Bau fertiggestellt wird.

Eine Sonderausführung der Niederdruck-Dampfheizung wird erforderlich, wenn einige Heizkörper so tief aufgestellt werden müssen, daß ein selbsttätiges Rückfließen des Wassers zum Kessel wegen der Druckverhältnisse nicht mehr möglich ist.

Man läßt das Niederschlagwasser solcher Heizkörper oder das der ganzen Anlage in einen genügend tief stehenden Behälter fließen und muß es durch besondere Pumpvorrichtungen den Kesseln wieder zuführen. Es gibt hierfür zwei voneinander sehr verschiedene Ausführungsformen, welche sowohl in ihrer Wirkungsweise als auch in ihrer Behandlung erheblich voneinander abweichen.

In beiden Fällen wird durch den Wasserstand des Behälters ein Schwimmer bewegt, welcher durch einen Seilzug auf den Ein- bzw. Ausschalter eines Elektromotors wirkt, durch den eine Schleuderpumpe für das Wasser betätigt wird.

Bei der ersten Anordnung wird das gesamte Wasser des Behälters den Kesseln durch ein genügend hoch geführtes Rohr unmittelbar zugeführt (Abb. 71). Damit beim Speisen bzw. während der Unterbrechung der Speisung der Wasserstand nicht zu stark schwankt, ist der Inhalt des Behälters verhältnismäßig klein zu machen, der Wasserinhalt der Kessel aber durch ein mit diesem parallel geschaltetes Ausgleichsgefäß nach Möglichkeit zu vergrößern. Das Ausgleichsgefäß muß durch reichliche Verbindungsleitungen mit dem Dampf- und mit dem Wasserraum des Kessels so verbunden sein, daß ein möglichst vollkommener Ausgleich des Druckes und des Wasserstandes erfolgt (Abb. 71).

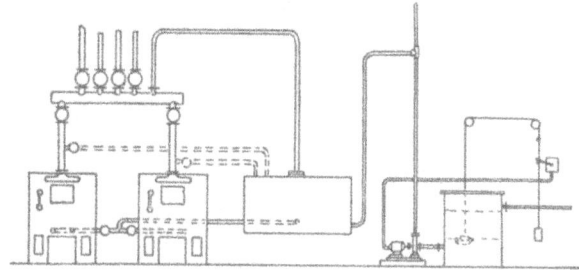

Abb. 71. Kesselanlage mit selbsttätiger Rückspeisung des Kondensates, das einem tief stehenden Sammelbehälter zufließt. Bei Erreichung eines bestimmten Höchstwasserstandes wird durch einen Schwimmer der Anlasser eines Elektromotors eingeschaltet. Dieser treibt eine Pumpe zur Förderung des Wassers über einen oberhalb der Druckgrenze der Kessel liegenden Punkt in einen großen Ausgleichsbehälter, der mit dem Dampfraum und dem Wasserraum der Kessel in Verbindung steht. Bei Erreichung des tiefsten Wasserstandes in dem Sammelbehälter wird der Motor durch den Schwimmer wieder ausgeschaltet. — Der Ausgleichbehälter soll so groß sein, daß die ganze Speisung mit dem vollen Nutzinhalt des Sammelbehälters ein so geringes Steigen des Wasserstandes bewirkt, daß dieser in den Kesseln gut sichtbar bleibt. — Zum besseren Druckausgleich kann, wie gestrichelt angedeutet, der Ausgleichbehälter mit den Kesseln unmittelbar durch absperrbare Leitungen verbunden werden.

Die Durchführung der Anordnung hat zur Voraussetzung, daß die Pumpe stets das Wasser richtig fördert. Da es sich um heißes Wasser handelt, welches nicht in die Höhe gesaugt werden kann, ohne daß Dampfbildung zu befürchten ist, und da die Dampfbildung ein Versagen der Schleuderpumpe zur Folge haben würde, muß das Wasser der Pumpe zufließen, die Pumpe muß also tiefer stehen als der niedrigste Wasserstand in dem Behälter. Die Druckleitung muß höher geführt werden als die Druckgrenze des Kessels, damit die Pumpe stets unter den gleichen Druckverhältnissen arbeitet und eine zu starke Belastung der Motore ausgeschlossen ist.

Die Zuführung des Wassers zum Ausgleichsgefäß hat so zu erfolgen, daß sich besonders das erste, kältere Wasser gut und gleichmäßig mit dem Rest des Wassers im Behälter mischt. Wird das kältere Wasser in geschlossenen Massen in das Gefäß geührt, so tritt leicht eine ört-

liche, starke Kondensation des Dampfes im oberen Teile ein, die Nach-
strömung des Dampfes von den Kesseln erfolgt nicht schnell genug,
und es entstehen neben den Wasserstandsschwankungen plötzliche
Druckverringerungen, welche gelegentlich selbst ein Zusammendrücken
des Behälters durch den äußeren Atmosphärendruck herbeigeführt
haben. Gemildert, aber nicht beseitigt werden diese Gefahren dadurch,
daß die Dampfverbindung nicht von einem gemeinsamen Sammler
erfolgt, in welchem ein schon etwas verringerter Druck herrscht, sondern
unmittelbar von den Kesseln selbst, welche dann aber einzeln absperrbar
sein müssen und eine Erschwerung der ordnungsmäßigen Betriebsdurch-
führung zur Folge haben.

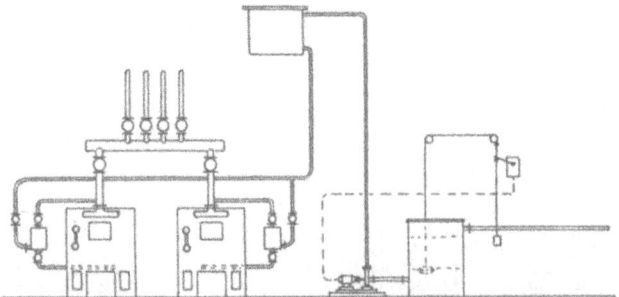

Abb. 72. Kesselanlage mit selbsttätiger Rückspeisung des Kondensates, das einem tiefstehenden Sammelbehälter zufließt. Bei Erreichung
eines bestimmten Höchstwasserstandes wird durch einen Schwimmer
der Anlasser eines Elektromotors eingeschaltet. Dieser treibt eine
Pumpe zur Förderung des Wassers in einen mindestens 1 m über der
Druckgrenze der Kessel stehenden Behälter. Von hier fließt das Wasser
durch besondere Speiseventile mit Schwimmersteuerung den einzelnen
Kesseln zu. Der Schwimmer befinden sich in einem mit dem Dampfraum und dem Wasserraum in unmittelbarer Verbindung stehenden
geschlossenen Behälter in der Höhe des mittleren Kesselwasserstandes
und öffnen bzw. schließen nach Bedarf das Einlaßventil von dem Hochbehälter her. — Es empfiehlt sich, zwecks Instandhaltung der Speise-
vorrichtung alle drei Leitungen absperrbar zu machen.

Die unmittelbare Rückführung des Wassers in die Kessel und
Schaltung des Ausgleichsgefäßes in Nebenschluß gefährdet die Haltbarkeit der Gußkessel, da der Eintritt des kalten Wassers leicht Guß-
spannungen auslöst und selbst zu Kesselbrüchen führen kann.

Die Schwierigkeiten dieser Anordnung werden, allerdings auf Kosten der Einfachheit durch die andere Ausführungsart vermieden (Ab-
bildung 72). Hier wird das Wasser von der Pumpe in ein hochstehendes,
offenes Gefäß gedrückt und fließt von hier durch besondere Wasser-
standsregler den einzelnen Kesseln wieder zu. Ein solcher Regler
besteht im wesentlichen aus einem neben jeden Kessel geschalteten und
mit Dampf- und Wasserraum verbundenen geschlossenen Gefäß,
in welchem ein Schwimmer das Zulaufventil von dem Hochbehälter
her einstellt. Bei Wassermangel öffnet der Schwimmer das Ventil,

auch ohne daß die Pumpe läuft, und schließt es wieder nach Erreichung des gewünschten Wasserstandes.

Ein wesentlicher Vorteil der Anordnung ist die Unabhängigkeit der Kessel voneinander, die Möglichkeit, große Behälter zu wählen und dadurch die Häufigkeit des Ein- und Ausschaltens der Pumpe zu verringern, sowie endlich die Möglichkeit, bei eintretendem Wassermangel durch Anbringung einer geeigneten, durch Schwimmer gesteuerten Wasserzuleitung das fehlende Wasser von irgendeiner anderen Quelle her selbsttätig zu ersetzen. Andererseits ermöglicht die Anordnung auch bei zusätzlicher Verwendung von Frischdampf aus Hochdruckkesseln oder Abdampf von Maschinen den Überschuß an Kondensat durch einen Überlauf unschädlich abzuführen, während bei der ersten Ausführung die Kessel dann zuviel Wasser erhalten und „ersaufen" würden.

Die Abdampfheizung und die Heizung mit reduziertem Hochdruckdampf wird grundsätzlich in ähnlicher Weise durchgeführt wie die reine Niederdruckdampfheizung. Jedoch fehlen hier die Niederdruckdampfkessel mit allen ihren Störungsmöglichkeiten. Dagegen fällt der Abdampf stoßweise an, und zur Ausgleichung der Stöße sind besondere Vorsichtsmaßnahmen erforderlich.

Da der Abdampf von Kolbenmaschinen stets stark ölhaltig ist, und das Öl die Heizfläche innen mit einer Schicht überzieht, welche den Durchtritt der Wärme erschwert, und auch in den Leitungen leicht zu Verengungen und Verstopfungen führen kann, wird er vor Einführung in die Heizungsanlage nach Möglichkeit entölt. Die Entöler sind meist mit besonderen Ölrückgewinnungseinrichtungen versehen, über deren Einbau, da sie sehr verschiedenartig gehalten sind, eine genaue Montagevorschrift verlangt werden muß.

Zum Ausgleich der Stöße wird weiter ein großer Puffertopf angeordnet. Dieser mildert die Stöße wohl, ohne sie aber ganz beseitigen zu können. Deshalb sind bei Abdampfheizungen zur Entwässerung die Schleifen nicht verwendbar, man muß vielmehr immer Kondenswasserableiter nehmen. Auch Stauer sind nicht zu empfehlen, da sich die freien Öffnungen und Kanäle zu schnell zusetzen. Auch diese Teile können durch verhärtetes Öl leicht betriebsunfähig werden und müssen deshalb öfters gereinigt werden. Um das zu ermöglichen, sind sie stets gut zugänglich anzubringen.

Für den Fall des Stillstandes oder sehr geringer Belastung der Maschine, bei welcher der volle Abdampf nicht für die volle Erwärmung der Anlage ausreicht, wird durch ein besonderes Dampfdruckminderungsventil Frischdampf zugesetzt. Ein Überschuß an Abdampf muß durch ein Sicherheitsventil oder einen gesteuerten Auslaß aus der Anlage ins Freie geführt werden.

In die Abdampfleitung von der Maschine wird eine Umstellvorrichtung eingeschaltet, meist bestehend aus zwei miteinander gekuppelten Drosselklappen, mitunter aber auch aus einem Dreiweghahn, so daß der Abdampf entweder in die Heizungsanlage oder unmittelbar ins Freie geführt werden kann. An der Maschine selbst befindet sich ein Wechselventil zur Umstellung auf Kondensation oder Gegendruckbetrieb.

Das Niederschlagswasser ist, da es vollkommen kesselsteinfrei ist, für die Speisung der Kessel von sehr bedeutendem Wert. Auch enthält es infolge seiner höheren Temperatur noch beträchtliche Wärmemengen. Deshalb sollte es, was leider noch häufig genug unterlassen wird, immer zum Kesselhaus zurückgeführt werden.

Eine besondere Abart der Abdampfheizung ist die Vakuumheizung, bei welcher der Abdampf der Maschine nicht mit höherem, sondern mit geringerem als Atmosphärendruck zur Heizung geführt wird. Um den verringerten Druck aufrecht erhalten zu können, muß die Kondensleitung an die Luftpumpe der Dampfmaschine angeschlossen werden.

Mit Rücksicht auf die besonderen Betriebsverhältnisse ist bei der Vakuumdampfheizung die Anwendung einer Reihe von Apparaten erforderlich, welche von jeder Firma anders ausgebildet werden. Eine Einheitlichkeit besteht in diesen Vorrichtungen noch nicht, man kann noch nicht einmal von einem System sprechen. Deshalb sind für die Behandlung der Einzelteile unter allen Umständen besondere Vorschriften zu geben bzw. zu verlangen.

Das gilt besonders für die Einrichtungen zur Regelung des Dampfdruckes und der Dampfmenge, die zu der Heizung bzw. unmittelbar in den Kondensator geht, sowie für die Regelungsvorrichtungen an den Heizkörpern.

Für die Verlegung der Leitungen und der einzelnen Heizkörper gelten die gleichen Regeln wie für die Niederdruckdampfheizung. Die Dehnung durch die Wärme ist bei starkem Unterdruck zwar nicht so groß wie bei normalen Dampfheizungen, es muß aber berücksichtigt werden, daß bei strenger Kälte die Leistung der Anlage dadurch erhöht wird, daß man das Vakuum verschlechtert und auf diese Weise Temperaturen erhält, welche sich denen der gewöhnlichen Dampfheizung nähern.

Für den Monteur besonders zu beachten ist die Tatsache, daß eine Verbindung, welche jedem Dampf- oder Wasserdruck widersteht, noch längst nicht luftdicht ist, besonders nicht gegenüber Druckunterschieden in der niedrigen Drucklage der Vakuumheizung. Den Verbindungen ist deshalb ganz besondere Aufmerksamkeit zu schenken. Die größte Gewähr für einen annehmbaren Erfolg geben wohl sauber ausgeführte Schweißungen sowie Flanschverbindungen mit hochwertigen Dichtscheiben. Verschraubungen und Muffenverbindungen jeder Art, besonders Langgewinde erfordern eine ganz ungewöhnliche Sorgfalt in der Verarbeitung, wenn man nicht zu sicheren Mißerfolgen gelangen will.

Undichtheiten in der Leitung werden nie ganz zu vermeiden sein. Wenn sie aber ein gewisses Maß überschreiten, so wird die Luftpumpe der Dampfmaschine überlastet, das Vakuum zu sehr verringert und damit die Maschine geschädigt, während gleichzeitig die Temperatur der Heizfläche zu hoch und nicht mehr genügend genau regulierbar wird.

Hochdruckdampfheizung. Die Hochdruckdampfheizung arbeitet mit Dampfüberdrucken von meist 1—3 atm, selten mit höheren

Spannungen. Die Temperatur des Dampfes ist entsprechend höher, und damit ergibt sich eine geringere Heizfläche für die gleiche Leistung als bei den Niederdruckdampfanlagen, und ebenso sind wegen der höheren zulässigen Druckverluste die Rohrleitungen erheblich enger.

Die Aufstellung des Kessels ist Sache von Spezialarbeitern und hat mit der Heizungsmontage nichts zu tun.

Die Heizkörper müssen beim Zusammenbau der einzelnen Glieder sorgfältig mit hitzebeständigen Dichtscheiben zusammengesetzt werden. Vorteilhaft ist es, nur Körper mit kreisförmigem Durchflußquerschnitt zu nehmen. Die Verwendung von Radiatoren sollte bei mehr als 2 atm vollständig vermieden werden, bei geringerem Drucke zwischen die einzelnen Glieder nicht Papier, sondern Klingerit oder ähnliche Dichtung gelegt werden.

Bei den Rohrleitungen sind alle die Dichtungen ausgeschlossen, welche mit Hilfe von brennbaren Bestandteilen ausgeführt werden. So sind Langgewinde unbedingt zu verwerfen, da die Packung nach ganz kurzer Zeit verkohlt und zu Undichtheiten Anlaß gibt. Verschraubungen sollten nur mit der größten Vorsicht unter Einlegung hochwertiger Dichtscheiben Verwendung finden, von den Muffenverbindungen nur die mit konischem Gewinde, und auch nur bis zu Drucken von etwa 3 atm. Am besten sind auch hier sehr sorgfältig ausgeführte Schweißungen oder die Flanschenverbindungen.

Für Abzweige sind bei mäßigen Drucken, bis zu 8 atm, Formstücke aus Gußeisen, bei höherem Druck solche aus Stahlguß mit besonderer Formgebung, sog. Kugelstücke zu empfehlen. Geschweißte Abzweige müssen so hergestellt werden, daß die Stutzen aus dem Rohr herausgebördelt und das Abzweigrohr mit Rundnaht angesetzt wird. Scharfe Einschnitte und Schweißnähte in den Winkeln sind unbedingt zu verwerfen, da sie weder bezüglich des freien Querschnittes noch bezüglich der Sicherheit genügende Gewähr bieten.

Für die Heizkörperausrüstung kommen nur Absperrventile und Schwimmertöpfe in Frage. Kondenswasserableiter können nur für einen bestimmten Druck richtig eingestellt werden. Da nur in ganz seltenen Fällen der Druck in der Anlage unbedingt gleichmäßig gehalten wird, geben sie immer zu Störungen Veranlassung. Das trifft auch dann zu, wenn der Druck durch selbsttätige Druckminderungsventile auf gleicher Höhe gehalten werden soll, denn auch diese versagen, wenn der Zutrittsdruck erheblich unter das normale Maß sinkt, und das ist in den allermeisten Betrieben aus Ersparnisgründen recht häufig der Fall.

Die Entlüftung der Heizkörper kann naturgemäß durch einen solchen Topf nicht selbsttätig erfolgen. Selbstentlüfter sind ebenso wie die Ableiter nicht verwendbar. Man muß deshalb Lufthähne auf den Töpfen oder in deren Nähe anbringen, welche beim Anheizen geöffnet und bei Entweichen von Dampf geschlossen werden.

Bei den hohen Druckunterschieden kann von einer Entwässerung der Leitungen durch Schleifen selbstverständlich nicht die Rede sein. Ableiter sind aus den gleichen Gründen wie bei den Heizkörpern nicht zu empfehlen. Einzig richtig ist die Verwendung von Schwimmerkondenstöpfen.

Die Dehnung der Rohre ist je nach dem Druck sehr verschieden, sie erreicht bei höheren Drucken leicht 2 mm auf 1 m Länge. Bei der Anordnung der Ausgleichsvorrichtungen für die Wärmeausdehnung ist darauf Rücksicht zu nehmen.

Sonst gelten sinngemäß alle Angaben, die bei der Niederdruckdampfheizung gemacht sind.

Bei der Inbetriebsetzung ist der Dampfdruck in der Anlage nur ganz langsam zu steigern, damit etwaige Schäden sich schon bei der geringsten Beanspruchung bemerkbar machen. Dabei ist die Anlage andauernd zu überwachen, und insbesondere sind die Armaturen genau auf Dichtheit zu untersuchen.

Eine Regulierung derartiger Anlagen ist nicht möglich. Wenn alle Heizkörper richtig warm werden, ist die eigentliche Arbeit des Monteurs beendet, er hat nur noch zu prüfen, ob die Ventile und Kondenstöpfe richtig schließen, ob die Leitungen dicht sind usw.

Die Armaturen werden durch Abschließen einzelner Ventile genügend genau erprobt. Die abgestellten Heizkörper müssen nach verhältnismäßig kurzer Zeit merklich abkühlen, und durch den Lufthahn muß beim Öffnen Luft angesaugt werden.

Das Niederschlagwasser tritt aus den Heizkörpern mit der Temperatur des Dampfes von hohem Druck aus, und erfährt dann in der Leitung eine plötzliche Entlastung. Das Wasser ist über den Siedepunkt erhitzt und die überschüssige Wärme wird sofort zu einer lebhaften Bildung von Dampf geringer Spannung führen. Die Erscheinung bezeichnet man als die Nachverdampfung. Sie hat, wenn dem Dampf nicht in den Rohren oder in besonderen Niederdruckdampfheizkörpern seine Verdampfungswärme entzogen wird, erhebliche Wärmeverluste zur Folge.

Eine besondere Ausführungsform der Hochdruckdampfheizung verdient Erwähnung, bei welcher die Nachverdampfung und die vielen Kondenstöpfe vermieden und durch eine zentrale Schalt- und Bedienungseinrichtung ersetzt werden. Es ist dies die Kreislaufheizung.

Das Wesen der Kreislaufheizung besteht darin, daß das Anheizen durch Öffnen einiger weniger an der Bedienungsstelle angeordneter Ventile erfolgt, daß dann das ganze System geschlossen und das Kondensat den Kesseln unter vollem Druck zugeführt wird. Die in den Leitungen entstehenden Druckverluste sind meist durch besondere Rückspeisevorrichtungen wieder auszugleichen.

Die Heizfläche ist bei diesen Anlagen in einigen, meist schmiedeeisernen Rohrzügen angeordnet, in welchen der Dampf mit hohen Geschwindigkeiten strömt. Dadurch ist es möglich, das gebildete Kondensat auch auf nennenswerte Höhe zu heben, und es entfallen hierdurch die lästigen Entwässerungen der Verteilungsleitung. Die Rohre der Kreislaufheizung gehen ohne Rücksicht auf Gefälle abwärts und aufwärts ,wie es die örtlichen Verhältnisse gerade erfordern.

Die Berechnung der „Wasseranstiege" verlangt besondere Sorgfalt, welche vielfach nicht angewendet wird. Fehler in diesen Teilen können die ganze Anlage zum Versagen bringen. Allerdings wird es stets möglich sein, das Anheizen ordnungsmäßig durchzuführen.

Zu starke Widerstände haben dann aber zur Folge, daß die Rohre allmählich, vielleicht nach 3—4stündigem Betrieb, mitunter auch noch
später, erkalten und nur mit erheblichen Wasserverlusten wieder in
Betrieb gesetzt werden können.

Der Monteur darf deshalb nicht willkürlich die Pläne des Ingenieurs
ändern, sondern für jede auch noch so kleine Abweichung von dem Entwurf muß er die ausdrückliche Anweisung des technischen Bureaus
einfordern.

Bei den Kreislaufheizungen wird meist ein sehr hoher Druck, oft
8—10 atm und selbst mehr, verwendet. Dementsprechend muß die
Ausführung der Montage sehr sorgfältig erfolgen, und ganz besondere
Aufmerksamkeit ist den Schweißstellen zu widmen. Die Beweglich-
keit der Rohre ist wegen der hohen Temperaturen und der damit verbundenen starken Ausdehnung in besonderem Maße zu beachten.

Für die Ausführung der Kreislaufheizung gibt es eine ganze Reihe
von Patenten, und jede Firma führt sie in anderer Weise aus. Für jede
Ausführung sind genaue, ausführliche Vorschriften zu verlangen, welche
in den Montageplänen in allen Einzelheiten festgelegt werden müssen.

V. Die Luftheizung.

Bei der Luftheizung wird auf die Aufstellung von Heizkörpern
in den zu beheizenden Räumen verzichtet, und diesen nur warme Luft
zugeleitet, welche den Überschuß an Wärme zur Deckung des Wärme-
bedarfes an den Raum abgibt. Zur Zuführung der warmen Luft dienen
Kanäle aus Mauerwerk oder aus Blech, an deren unterem Ende die
Luft erwärmt wird, während das obere Ende in die beheizten Räume
eintritt. Die Wirkung der Luftströmung ist eine ganz ähnliche wie die
der Strömung des Wassers in Warmwasserheizungen. Bei den meisten
Anlagen begnügt man sich mit der Schwerkraftwirkung, nur bei sehr
großen Anlagen wird die Maschinenkraft in Gestalt von Ventilatoren
herangezogen.

Die Ausführung der Kanäle und das Einsetzen der Regelungsvorrichtungen, der Klappen und Schieber, sowie der Schutzgitter usw.
ist nicht Sache des Monteurs. Dieser soll nur auf Grund seiner Zeichnungen feststellen, ob die einzelnen Teile an der richtigen Stelle angebracht und sachgemäß eingesetzt sind. Lediglich die Aufstellung der
Lufterwärmer mit allen Zubehörteilen fällt dem Heizungsmonteur zu.

Die einfachste Ausführung ist die der Feuerluftheizung. Hier
wird die Luft unmittelbar durch die feuerberührte Heizfläche erwärmt,
Kessel und Heizkörper ist also in einem einzigen Teil vereinigt.

Der „Kalorifer" besteht im wesentlichen aus der Feuerung, den
Rauchzügen und der Heizfläche.

Die Feuerung ist nach den gleichen Gesichtspunkten zu behandeln
wie die der Dampf- oder Wasserkessel. Je nach der Wahl der verfeuerten
Brennstoffe wird der Rost als Planrost, Schrägrost oder Treppenrost
ausgebildet. Genau wie bei den Kesseln ist auf die richtige Führung

der Verbrennungsluft und die Dichtheit aller Abschlüsse und Kanäle zu achten, ferner ist dafür zu sorgen, daß die Rauchgaswege leicht von Ruß und Flugasche zu reinigen sind, und zu diesem Zwecke sind an geeigneten Stellen dichtschließende, aber leicht zu öffnende Reinigungsdeckel anzubringen. Schließlich muß zur Regelung der Feuerung ein leicht verstellbarer Rauchschieber vorhanden sein, welcher aber nicht zu Undichtheiten des Fuchses Veranlassung geben darf.

Die Wege für die Luft sollen von den Rauchgaswegen vollständig dicht abgeschlossen sein. Selbst bei Fehlen von Reinigungsdeckeln dürfen keine Rauchgase in die Heizluft treten, Deshalb sind in der „Luftkammer" und in den Kanälen alle Reinigungsöffnungen streng zu vermeiden, diese dürfen sich nur in dem von den Luftwegen dicht abgesperrten Bedienungsraum befinden.

Die Absperrung darf aber nicht dazu führen, daß die Luftwege nicht gereinigt werden. Staub, welcher sich hier in der Zeit der Nichtbenutzung im Sommer absetzt, gibt beim Anheizen und dauernd im Betriebe Anlaß zu den schwersten Klagen und muß deshalb vor dem Anfeuern sorgfältig entfernt werden. Die Luftkammer muß also leicht zugänglich sein und sollte immer so geräumig und hell ausgeführt werden, daß die Reinigung ohne Schwierigkeiten und vor allen Dingen schnell und gründlich erfolgen kann. Deshalb ist glatte Heizfläche der gerippten immer vorzuziehen, und um den eigentlichen Ofen soll reichlich Spielraum vorhanden sein, daß ein Mann bequem ringsherumgehen und den Ofen abwischen kann.

An Stelle der unmittelbaren Feuerung wird häufig zur Erwärmung der Luft ein Dampf- oder Warmwasserheizkörper verwendet. Sofern hier die gewöhnlichen Bauarten wie Radiatoren, Register usw. benutzt werden, gilt für sie die gleiche Forderung wie für die Feuerheizfläche, die gute Reinigungsmöglichkeit. Die Heizkörper sind Teile einer Dampf- oder Warmwasserheizung, und sind bezüglich ihrer Erwärmung genau so zu behandeln wie die Heizkörper in den Räumen, welche mit Dampf- oder Warmwasserheizung versehen sind.

Seit einer Reihe von Jahren werden für die Luftheizung besondere „Lufterhitzer" gebaut, bei denen durch maschinellen Betrieb die zu erwärmende Luft mit sehr großer Geschwindigkeit über die Heizfläche geblasen wird. Hierdurch wird erzielt, daß die Wärmeabgabe sehr stark gesteigert und die erforderliche Heizfläche ganz erheblich verringert wird. Die starke Luftströmung hat außerdem den Erfolg, daß Staubteilchen sofort weggeblasen werden, so daß eine besondere Reinigung nicht erforderlich wird. Aus diesen Gründen können die Apparate sehr klein gehalten werden, auch wenn sie sehr große Wärmeleistungen haben sollen.

Zu beachten ist, daß die Leistung des Heizkörpers mit der Temperatur und der Umdrehungszahl des Ventilators sich sehr stark ändert. Die aus einem Dampf-Lufterhitzer anfallende Niederschlagswassermenge ist daher sehr wechselnd, und einem solchen Betriebe sind die Kondenswasserableiter fast niemals gewachsen. Es ist deshalb stets zu empfehlen, für alle solche Apparate Schwimmertöpfe zu nehmen.

Über die Aufstellung dieser Lufterhitzer ist nichts besonderes zu sagen. Sie sind Dampf- oder Wasserheizkörper, und genau nach den Regeln der betreffenden Systeme zu behandeln.

Zur Inbetriebnahme der Feuerluftheizung ist nur die Feuerung in Gang zu bringen und die Klappen und Schieber zu öffnen.

Bei der Dampf- und Wasserluftheizung soll, um ein Einfrieren mit Sicherheit zu verhindern, zunächst der Kessel angeheizt und der Luftheizkörper gut durchwärmt sein, ehe man kalte Luft in die Luftkammer treten läßt. Entsprechend ist bei der Außerbetriebsetzung zunächst die Luft abzustellen und erst dann mit der Erwärmung der Heizkörper aufzuhören. Im übrigen gelten alle Regeln, welche bei den einzelnen Heizsystemen schon erwähnt sind.

VI. Die Warmwasserversorgungsanlagen.

Die Warmwasserversorgungsanlagen bestehen aus zwei wesentlichen Teilen, aus der Warmwasserbereitung und der Warmwasserverteilung zu den einzelnen Gebrauchsstellen.

Die Warmwasserbereitung kann durch unmittelbare Feuerung erfolgen, oder, was besonders bei sehr großen Anlagen wohl das häufigere ist, durch eine Dampf- oder Warmwasserheizung.

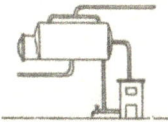

Abb. 73. Schematische Darstellung einer unmittelbar. Warmwasserbereitung mit Speicherbehälter und Kleinkessel. Das kalte Zapfwasser tritt in den Speicher, der durch Vorlauf und Rücklauf mit dem Kessel in Verbindung steht.

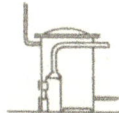

Abb. 74. Schematische Darstellung einer unmittelbar. Warmwasserbereitung in einem Großwasserraumkessel. Die Erwärmung des kalten Wassers erfolgt unmittelbar in dem als Speicher ausgebildeten Kessel.

Da die Entnahme des warmen Wassers niemals ganz gleichmäßig erfolgt, die Erwärmung aber nicht ohne weiteres jedem Stoß sofort folgen kann, enthält eine solche Anlage neben dem eigentlichen Warmwasserbereiter auch einen Warmwasserspeicher, den sog. Boiler. Bei den meisten kleinen Anlagen und auch bei vielen großen ist der Bereiter und der Speicher im Boiler vereinigt.

Für die unmittelbare Erwärmung des Wassers wird das kalte Wasser in einen Vorratsbehälter geleitet, welcher durch ein Rohrsystem mit Vorlauf- und Rücklaufleitung mit dem Kessel in Verbindung steht (Abb. 73). Es erfolgt zwischen Kessel und Speicher ein Wasserumlauf ähnlich wie bei Schwerkraftwarmwasserheizungen, und die Regeln für diese Heizung sind in jeder Beziehung voll zu beachten. Mitunter ist der Speicher aber mit dem Kessel in der Weise baulich vereinigt, daß der Wasserinhalt des sonst ganz als Kleinkessel behandelten Kessels durch einen weiten Mantel sehr groß gemacht wird, so daß er die genügende Wassermenge aufnehmen kann (Abb. 74). Der Bau der Anlage wird dadurch wesentlich vereinfacht.

Die Kleinkessel für die unmittelbare Warmwasserbereitung wurden früher vielfach aus Gußeisen hergestellt. Da sie den heißesten Teil der Anlage bilden, setzt sich hier der gesamte Kesselstein des sich stets erneuernden Wassers ab, die Heizfläche gerät dann leicht ins Glühen, da auch bei einer mäßigen Schicht des Absatzes die Wärmeableitung ganz erheblich nachläßt, und eine baldige Beschädigung, meist eine vollständige Unbrauchbarkeit ist die Folge. Eine rechtzeitige Entfernung des Kesselsteines ist auch bei den eigens hierzu gebauten Kesseln mit abnehmbaren Deckel nahezu eine Unmöglichkeit. Man ist deshalb auch hier sehr bald zur Verwendung schmiedeeiserner Kessel übergegangen, welche ein Glühendwerden der Wandungen besser aushalten können.

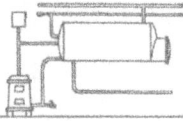

Abb. 75. Schematische Darstellung einer mittelbaren Warmwasserbereitung. Das Zapfwasser wird in dem Speicherbehälter durch einen Warmwasserheizkörper erwärmt, der seine Wärme aus einem Kleinkessel mit Vorlauf- und Rücklaufleitung und Ausdehnungs-Gefäß erhält. Außer der Warmwasserverteilungsleitung ist noch eine Umlaufleitung zur Warmhaltung des Wassers in den Zapfleitungen angedeutet, welche in den oberen Teil des Speicherbehälters einmündet.

Die Großwasserraumkessel werden stets nur aus Schmiedeeisen hergestellt. Sie bieten neben der Einfachheit der Anordnung noch den Vorteil der leichteren Reinigung, und verdienen deshalb unbedingt den Vorzug vor den Kleinkesseln mit getrenntem Speicherbehälter.

Das zufließende Wasser enthält neben den Kesselsteinbildnern immer größere Mengen Luft, und diese greift, zusammen mit der Einwirkung der Salze im Wasser das schwarze Eisenblech leicht an, so daß häufig nach ganz kurzer Zeit Anfressungen und Durchrosten des Bleches eintreten. Hiergegen wird das Blech zweckmäßig mit einem rostschützenden Überzug versehen.

Eine Verzinkung des Speichers, welche auch jetzt noch häufig ausgeführt wird, bietet zunächst einen guten Schutz gegen den Angriff. Da ein Wechsel der Temperatur niemals zu vermeiden ist, und das Eisen und die Zinkhaut sich verschieden stark ausdehnen, entstehen bald feine Risse in dem Zinküberzug. Das bietet Anlaß zu örtlichen, wenn auch sehr schwachen elektrischen Strömen, die das Zink sehr schnell zur Auflösung im Wasser bringen, und dann das Eisen in stärkerem Maße zerstören, als wenn es ganz schwarz bleibt. Deshalb ist ein elastischer Überzug entschieden vorzuziehen. Die Lackfabriken bringen jetzt Anstrichmittel in den Handel, welche gegen den Wechsel der Temperatur auch unter Einwirkung des Wassers nahezu unempfindlich sind, und daher geraume Zeit genügenden Schutz gewähren. Allerdings soll dieser Anstrich häufig, mindestens alle 1—2 Jahre vollständig erneuert werden. Das gilt auch für die später noch behandelten Speicherbehälter bei der mittelbaren Erwärmung.

In vielen Fällen scheint sich trotzdem die Verzinkung der Speicher gut bewährt zu haben. Das ist aber nur dann der Fall, wenn die feinen Risse schnell durch einen Kesselsteinansatz geschlossen werden.

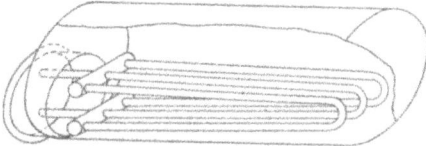

Abb. 76. Warmwasser-Speicherbehälter mit eingebauter Registerheizfläche aus drei parallel geschalteten, U-förmig gebogenen Rohren. Das Register ist an dem Deckel befestigt und wird bei Abnehmen desselben vollständig aus dem Behälter herausgezogen.

In ähnlicher Weise wirkt auch ein einfacher Zementanstrich gut. Der Zement platzt zwar sehr schnell ab, aber er wird andauernd durch Kesselstein ersetzt. Bei sehr weichem Wasser führt dieser Schutzanstrich zu schlechten Ergebnissen.

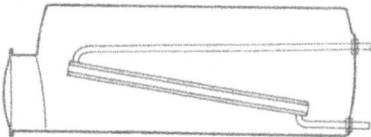

Abb. 77. Warmwasser - Speicherbehälter mit eingebauter Doppelrohrheizfläche. Um die Fläche des inneren Rohres wirksam zu machen, muß das Doppelrohr mit starker Steigung verlegt werden. Die Befestigung erfolgt im festen Behälterboden, so daß die Heizfläche nach Entfernung des Deckels auch in der endgültigen Lage sichtbar ist.

Als Kesselausrüstung kommt ein Thermometer und eine Entleerung in Betracht. Die Füllung erfolgt selbsttätig durch den Anschluß der Wasserleitung (Abb. 79) oder eines an höchster Stelle angebrachten offenen Gefäßes, in welches die Leitung durch ein mit Schwimmer gesteuertes Ventil speist (Abb. 80—81). Ein Verbrennungsregler wird fast nie angeordnet, ist bei einiger Kenntnis der Betriebsverhältnisse auch vollständig zu entbehren und bei aufmerksamer Bedienung der Feuerungstüren und Klappen gänzlich überflüssig. Das Ausdehnungsgefäß wird durch das Füllgefäß ersetzt. Bei unmittelbarem Anschluß der Wasserleitung (Abb. 79), für welche meist von den Wasserwerken ein Rückschlagventil vorgeschrieben ist, muß ein Sicherheitsventil oder ein genügend großer, stets gut lufterfüllter Windkessel eingesetzt werden. Ein Wasserstandsanzeiger ist überflüssig und meist auch unwirksam.

Für die Aufstellung gelten die gleichen Regeln wie bei den Warmwasserheizkesseln.

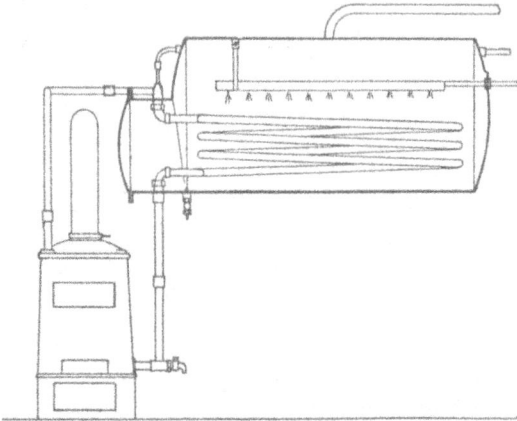

Abb. 78. Warmwasserbereitungsanlage mit Kleinkessel und Speicherbehälter mit eingebauter Schlangenheizfläche. Die Befestigung der Schlange erfolgt am Mantel (im Hals) mittels Verschraubungen und ist nach Abnahme des Deckels sehr gut zugänglich. Die ganze Heizfläche ist in der endgültigen Lage zu sehen. — Die Ausdehnung des Heizwassers erfolgt in den Speicherbehälter hinein, der Kessel steht also stets unter dem Druck der Warmwasserleitung. — Die Speisung des Speicherbehälters geschieht im oberen Teil durch ein Verteilerrohr mit feinen Öffnungen.

Bei der mittelbaren Warmwasserbereitung wird das Zapfwasser nicht in den Kessel geführt, sondern im Speicherbehälter durch einen Dampf- oder Warmwasserheizkörper erwärmt (Abb. 75). Für das Heizsystem kommt in den weitaus meisten Fällen nur ein Kleinkessel in Betracht, welcher alle die Ausrüstungsteile eines gewöhnlichen Heizkessels erhält, mit Ausnahme vielleicht des Verbrennungsreglers bei Warmwasserkesseln.

Als Heizkörper werden meist Schlangen aus genügend weitem Rohr gewählt, deren Durchmesser sowohl der Wärmeleistung als auch der Rohrlänge entsprechend genommen werden muß (Abb. 78). Um den Weg des Wassers bzw. des Dampfes nach Möglichkeit zu verkürzen, werden vielfach mehrere Schlangen parallel geschaltet (Abb. 76). Seltener verwendet werden Doppelrohre (Abb. 77), welche das Heizwasser in einem ringförmigen Raum einschließen, während die Innenfläche des inneren und die Außenfläche des äußeren Rohres von dem Zapfwasser bespült werden. Wegen des Wasserumlaufes durch das innere Rohr müssen solche Doppelrohre stark schräg gestellt werden und kommen mit einem beträchtlichen Teil der Heizfläche in den oberen Teil des Behälters, während man bestrebt sein sollte, möglichst die ge-

samte Heizfläche in den untersten Teil desselben zu legen. Auch Radiatoren und andere Heizkörper sind gelegentlich verwendet worden und
haben bei genügender Heizfläche gute Ergebnisse gehabt.

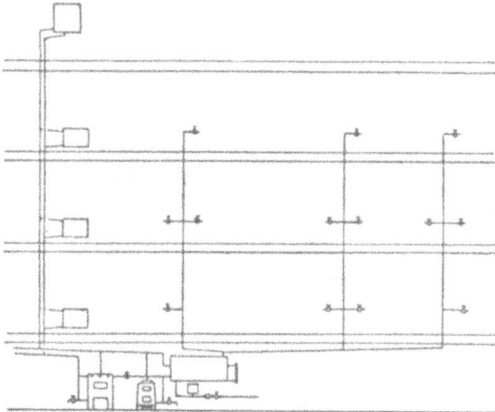

Abb. 79. Schematische Darstellung einer Warmwasserversorgungsanlage in Verbindung mit einer Warmwasserheizung. Um den Betrieb der Warmwasserbereitung im Winter
auch vom Heizkessel aus zu ermöglichen, ist zwischen den
Vorlauf- und Rücklaufleitungen der Heizung und der Warmwasserversorgung eine Verbindung hergestellt. Die Absperrung der Heizung im Sommer bei Befeuerung des Klein-
kessels erfolgt durch einen in der Rücklaufverbindung
befindlichen Schieber. Für beide Kessel genügt ein Ausdehnungsgefäß, die Erwärmung von Teilen der Heizung
infolge Wasserumlaufes innerhalb der Rohre ist aber nicht
vollständig ausgeschlossen. — Die Zuspeisung des Zapfwassers erfolgt unter Wasserleitungsdruck durch Absperrventil und Rückschlagventil. Zur Sicherung gegen Zer-
sprengen bei Erwärmung ohne Zapfung ist ein Windkessel in die Zuleitung eingeschaltet. Die Warmwasserverteilung erfolgt ohne Umlauf.

Damit die Heizfläche wirksam bleibt, muß in regelmäßigen Zwischenräumen der Kesselstein aus dem Speicher und besonders von den
Heizflächen entfernt werden. Jeder Behälter muß daher einen Deckel
besitzen, durch welchen ein Mann bequem in den Speicher kriechen
kann. Bei kleinen Behältern hat der Deckel meist denselben Durchmesser wie dieser selbst, bei größeren wird wegen der ungleichmäßigen
Ausdehnung der verschiedenen Mantelteile besser ein Halsansatz für
den Deckel angebracht, der unabhängig von der Mantelerwärmung
federnd eingesetzt ist. Hierüber ist näheres schon im ersten Teil gesagt
worden.

Bei ganz großen Anlagen verzichtet man wohl darauf, den Heizkörper selbst aus dem Speicher herauszunehmen, da man die Reinigung

genügend leicht durch zweckentsprechend angebrachte Mannlöcher vornehmen kann. Bei mittleren und kleinen Anlagen, etwa von weniger als 5000 l Speicherinhalt, sollten die Heizkörper aber immer herausziehbar angebracht sein.

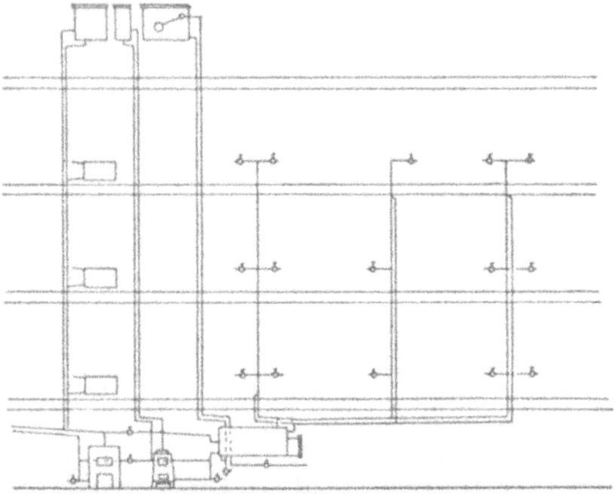

Abb. 80. Schematische Darstellung einer Warmwasserversorgungsanlage in Verbindung mit einer Warmwasserheizung. Um eine Erwärmung der Heizung im Sommer zu verhindern, sind Vorlauf- und Rücklaufleitung absperrbar gemacht. Für die Warmwasserbereitung ist ein besonderes Ausdehnungsgefäß erforderlich, das in die gleiche Höhe gestellt werden muß wie das der Heizung. — Zur Speisung der Warmwasserversorgung dient ein offenes Schwimmkugelgefäß. Die Verteilungsleitung ist mit Wasserumlauf versehen, der bei dem ersten Strang bis in das Erdgeschoß, bei den anderen Strängen bis nahe an die höchste Zapfstelle führt.

Vielfach wird die Schlange mit dem Deckel fest verbunden und mit diesem gleichzeitig entfernt (Abb. 76). Das hat den Vorzug, daß die Heizfläche bei jeder Reinigung vollständig herausgenommen und dann sorgfältiger gereinigt wird, als es im Inneren möglich ist. Dagegen ist es unmöglich, beim Zusammenbau zu beurteilen, ob die Lage der Schlange auch richtig ist, und durch Verschieben der Unterstützung ist schon mancher Luftsack entstanden, welcher ein Arbeiten der Warmwasserbereitung vollständig verhindert hat. Deshalb werden die Heizkörperanschlüsse besser durch den Mantel (Abb. 78) oder den festen Boden (Abb. 77) geführt, so daß man die endgültige Lage vor dem Schließen des Behälters genau beobachten kann. Allerdings muß die Befestigung so gewählt werden daß eine Lösung keine besonderen Schwierigkeiten bereitet. Am besten werden nahe dem Deckel im Inneren des Behälters in die Zu- und Rückleitung Verschraubungen oder Flanschen eingeschaltet. Führung der Anschlüsse durch den festen Boden und Abdichtung derselben durch Stopfbuchsen sind eben-

falls vielfach angewendet. Packungen mit Gegenringen gegen die Wandungen (Abb. 77) sollten dagegen wegen der Schwierigkeit der Lösung
bei eingetretener Rostung vermieden werden.

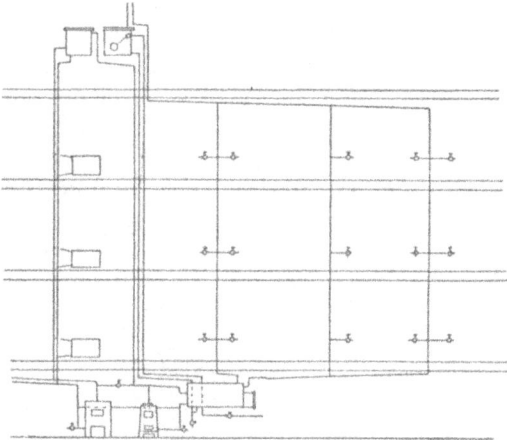

Abb. 81. Schematische Darstellung einer Warmwasserversorgungsanlage in Verbindung mit einer Warmwasserheizung.
Zur Verhütung der Erwärmung der Heizung im Sommer ist
nur die Vorlaufverbindung absperrbar gemacht. An Stelle
des zweiten Ausdehnungsgefäßes genügt hier eine besondere
Ausdehnungsleitung, die zweckmäßig in den oberen Teil
des Ausdehnungsgefäßes der Heizung geführt wird. Die Zuspeisung des Zapfwassers geschieht durch ein Schwimmkugelgefäß. Die Verteilung des Warmwassers erfolgt von oben,
der höchste Punkt der Verteilung muß durch ein besonderes,
bis über das Schwimmkugelgefäß führendes Rohr entlüftet
werden. Die ganze Anlage erhält einen sehr gut wirksamen
Wasserumlauf.

Die Ausdehnungsleitung wird mitunter nicht in ein offenes Ausdehnungsgefäß, sondern am höchsten Punkt der Zuleitung zur Schlange
in den Speicherbehälter geführt (Abb. 78). Das Ausdehnungsgefäß
wird dadurch überflüssig, und der Kessel wird auch bei Wasserverlusten
selbsttätig mit heißem Wasser nachgespeist. Diesen Vorteilen steht als
Nachteil gegenüber, daß der Kessel stets den Druck der Wasserleitung
erhält und daß beim Überkochen der Schlamm und Schmutz des Kessels
in die Zapfleitung treten kann.

Es besteht häufig der Wunsch, die Warmwasserbereitung nicht nur
von dem eigentlichen Warmwasserbereitungskessel, sondern im Winter
auch von dem Kessel der Heizungsanlage aus erwärmen zu können. Es
wird dann eine Verbindung der beiden Kessel hergestellt (Abb. 79—81),
und zwar müssen Vor- und Rückläufe verbunden und in wenigstens
einer der Verbindungsleitungen eine Absperrung angebracht werden.
Die Rücklaufverbindung sollte möglichst hoch über den Kesseln liegen,

damit der nicht beheizte Kessel auch bei offener Absperrung nicht un-
nötig warm wird.

Befindet sich eine Absperrung in der Verbindung der Vorläufe
(Abb. 80/81), so muß für die Warmwasserbereitung ein eigenes Ausdehnungsgefäß wegen der Entlüftung aufgestellt oder eine Entlüftungsleitung bis zum Ausdehnungsgefäß der Heizung geführt werden. Das
Ausdehnungsgefäß für die Warmwasserbereitung muß auf alle Fälle
in genau die gleiche Höhe gestellt werden wie das der Heizung.

Bei Absperrung der Rücklaufleitung (Abb. 79) genügt ein einziges
Gefäß und eine einzige Ausdehnungsleitung. Es besteht aber dann die
Gefahr, daß trotz der Absperrung im Rücklauf Teile der Heizung im
Sommer warm werden und auf diese Weise eine Wärmevergeudung
getrieben wird.

Sollen die Heizkörper von verschiedenartigen Wärmequellen, z. B.
von Dampf- oder Warmwasserkesseln aus gespeist werden, so sind
Zu- und Rückleitung nach beiden Wärmequellen gut dicht abzuschlie-
ßen. Aber auch das beste Ventil läßt oft genug Wasser durch, und so
kann es leicht vorkommen, daß der Dampfkessel zuviel Wasser aus dem
Wassersystem erhält, und daß in diesem dauernd Wassermangel herrscht.
Wenn daher verschiedenartige Wärmequellen in Frage kommen, ist
es vorteilhafter, für jede Art eine besondere Heizfläche zu verlegen. Das
hat den weiteren Vorteil der Vereinfachung der Bedienung.

Die Zapfwasserzuleitung erfolgt auch bei den mittelbaren Warm-
wasserbereitungen in der gleichen Weise, wie bei den unmittelbaren
beschrieben, entweder durch den Wasserleitungsdruck (geschlossene
Anlagen, Abb. 79) oder durch ein Schwimmkugelgefäß (offene Anlagen,
Abb. 80/81). Die Speisung erfolgt fast stets an der tiefsten Stelle des
Speicherbehälters. Nach einer starken Entnahme von warmen Wasser
befindet sich daher unten kaltes, oben heißes Wasser, und die Dehnung
des Speichermantels ist eine sehr ungleichmäßige. Manche Beschädigung ist in der Hauptsache auf die Spannungen zurückzuführen, welche
durch die Temperaturverschiedenheit hervorgerufen worden sind. Es
sind deshalb auch Vorschläge aufgetaucht, das kalte Wasser beim Eintritt mit dem Vorrat an warmen Wasser innig zu mischen, indem man
es oben durch ein Verteilerrohr mit einer großen Anzahl von Aus-
strömöffnungen eintreten läßt (Abb. 78). Gleichzeitig soll dadurch die
Wirkung erzielt werden, daß sich der Kesselstein nicht in festen Krusten,
sondern als feiner Schlamm absetzt. Die Maßnahme scheint aber nicht
den vollen gewünschten Erfolg gehabt zu haben, denn seit längerer
Zeit hört man von derartigen Ausführungen nichts mehr. Der Speicher-
vorrat kann jedenfalls nicht in dem weitgehenden Maße ausgenutzt
werden, wie bei der unteren Einführung, da für Badezwecke die Temperatur im Speicher nicht unter 40^0, für Abwaschzwecke nicht unter
60^0 sinken soll, und bei schichtenweiser Einstellung des Wassers an
der Entnahme noch diese Temperaturen herrschen können, wenn fast
der ganze Behälter mit Wasser von der Zuleitungstemperatur gefüllt ist.

Die Verteilung des Wassers erfolgt bei den einfachsten Anlagen
durch eine gewöhnliche Wasserleitung (Abb. 79), welche, da ein ziemlich starker Druck zur Förderung zur Verfügung steht, ohne Rücksicht

auf Gefälle geführt werden kann. Luftblasen werden beim Öffnen von Zapfhähnen fortgerissen und bilden dann kein Hindernis. Lediglich auf die vollständige Entleerungsmöglichkeit ist weitgehend Rücksicht zu nehmen. Nur bei sehr dicht oberhalb der höchsten Zapfstellen liegenden Schwimmkugelgefäßen ist auf Luftpropfen durch die richtige Ausführung ständiger Steigung Rücksicht zu nehmen.

Häufig wird, damit sich das Wasser in den Leitungen während der Zapfpausen nicht zu stark abkühlt, und dadurch bei jedem Zapfen nicht unbeträchtliche Wasser· und Zeitverluste entstehen, eine Umlaufleitung angebracht (Abb. 80), durch welche das Wasser in den Leitungen in ständiger Bewegung bleiben soll.

Bei solchen Anlagen kann die Verteilung des warmen Wassers oberhalb der Zapfstellen liegen oder unterhalb derselben. Man unterscheidet also auch hier die obere und die untere Verteilung (Abb. 80 und 81).

In beiden Fällen wird der Wasserumlauf dadurch erzielt, daß eine Abkühlung eintritt und so Druckunterschiede entstehen, ähnlich wie wir dies bei den Warmwasserheizungen gesehen haben. Für die Verlegung der Leitungen gelten demgemäß alle die Gesichtspunkte, welche für die Warmwasserheizung auch maßgebend sind.

Bei der oberen Verteilung (Abb. 81) ist die Größe des Umtriebsdruckes allein durch die Abkühlung der Rohre bestimmt. Bei der unteren Verteilung (Abb. 80) kann man die Umlaufleitung an den Strängen verschieden hoch führen. Je höher wir gehen, um so größer ist die Umtriebshöhe und dadurch der Umtriebsdruck, um so besser wird also auch der Wasserumlauf sein. Eine Umlaufleitung, welche nur bis zum unteren Ende der Stränge reicht, wird praktisch fast gar keine Wirkung haben.

Die Abkühlung ist bei gut ausgeführten Anlagen nur sehr gering, infolgedessen hat man unter allen Umständen mit nur sehr geringen Drucken zu rechnen. Störungen durch schlechte Montage oder durch Luftpropfen usw. sind deshalb hier viel empfindlicher zu merken als bei Warmwasserheizungen. Dazu kommen noch die ständigen Umlaufunterbrechungen beim Zapfen des warmen Wassers. Die Bildung von Luftpropfen wird durch die ständige Nachspeisung kalten, lufthaltigen Wassers noch begünstigt, und deshalb ist bei derartigen Anlagen vor allen Dingen auf eine gute, schnelle Entlüftung zu achten.

Bei der oberen Verteilung (Abb. 81) ist auf den höchsten Punkt ein Entlüftungsrohr aufzusetzen, das zweckmäßig in das Schwimmkugelgefäß oder bei geschlossenen Anlagen in einen Behälter mit einem durch Schwimmer gesteuerten Entlüftungsventil mündet. Bei der unteren Verteilung wird es in der Regel genügen, wenn der obere Teil des Stranges als Sack außerhalb des Umlaufsweges bleibt, und die Luft durch Zapfen von Warmwasser öfters abgelassen wird. Auf keinen Fall darf die Umlaufsleitung, so wünschenswert es auch sonst wäre, bis zum höchsten Punkt des Stranges geführt werden.

Zum Schutz gegen Rost wird die gesamte Wasserverteilungsleitung in verzinktem Rohr ausgeführt. An den Verbindungsstellen allerdings tritt das Eisen ungeschützt mit dem Wasser in Berührung. Im allgemeinen scheinen sich aus diesem Mangel Schwierigkeiten noch nicht ergeben zu haben. Schweißung ist ohne weitgehende Beschädigung der Verzinkung nicht möglich, und wird deshalb wohl für die Rohrleitung kaum angewandt. Das Biegen der Rohre darf nur bei ganz mäßiger Temperatur, bei dunkler Rotglut erfolgen, bei der die Verzinkung noch unbeschädigt bleibt. Die Arbeit erfordert ganz besondere Sorgfalt, und deshalb wird im allgemeinen die Verwendung von Formstücken für alle Biegungen bevorzugt.

Zur Inbetriebsetzung wird die Anlage zweckmäßig von unten durch den Entleerungshahn mit Wasser gefüllt und zunächst ohne weiteren Zufluß auf Dichtheit untersucht. Füllung von oben bewirkt oft das Zurückbleiben großer Luftpropfen in der Fülleitung, welche das Zustandekommen des richtigen Wasserdruckes und die Einleitung der richtigen Wasserbewegung erschweren, wenn nicht unmöglich machen. Beim Füllen sind möglichst viele, wenigstens die oberen Zapfhähne zu öffnen. Wenn das Rohrleitungssystem gut gefüllt ist, werden die Zapfhähne geschlossen und voller Druck gegeben. Dann ist langsam, ohne Zapfung zu heizen. Nach Erreichung der höchsten Temperatur, welche am Behälterthermometer abgelesen wird, läßt man die Anlage durch starkes Zapfen bei ständiger Feuerung mehrere Male erkalten und wieder warm werden. Dabei wird die Dichtheit und der Wasserumlauf geprüft. Nach befriedigendem Ergebnis dieser Probe kann die Anlage als ordnungsgemäß im Betriebe übergeben und zur Schließung der Öffnungen und Schlitze freigegeben werden.

VII. Montagedauer.

Ein Buch über die Heizungsmontage wäre nicht vollständig, wenn nicht auch Angaben über die wahrscheinliche Montagedauer gegeben wären. Diese ist naturgemäß bei den verschiedenen Anlagen sehr verschieden. Besondere Verhältnisse beeinflussen die Schnelligkeit der Arbeiten in hohem Maße. Im allgemeinen wird die Arbeit sehr erschwert und verzögert, wenn sie in benutzten Räumen vor sich geht, oder in solchen, bei denen auf die vorhandenen Einrichtungen weitgehende Rücksicht genommen werden muß. Neubauten sind daher immer schneller zu erledigen als alte und in Benutzung befindliche. Die spätere Erweiterungsmöglichkeit spielt ebenfalls eine große Rolle. Sind die Stellen, an denen die Bestandteile verlegt werden müssen, schlecht zugänglich, so bedeutet das eine weitere Verzögerung. Auch besondere Wünsche der Bauleitung, der Bau von Probeteilen, nach deren Ausfall eine Entscheidung über die weitere Ausführung getroffen wird, sind ebenfalls zu berücksichtigen. Nicht zu vergessen ist der Zustand des verwendeten Materials. Etwa erforderlicher Umbau von Radiatoren usw., schlechte Rohre, Ausbildung des Monteurs, Zahl und Güte der Helfer und schließlich die Größe der Anlage und vieles andere sind von Bedeutung. Aus alledem ergibt sich, daß Zahlen nur mit allergrößter Vorsicht und unter allen Vorbehalten angegeben werden können.

Bei Heizungsanlagen mittlerer Größe in Neubauten kann man für reine Heizungen im Mittel für jeden Heizkörper ungefähr auf 10 Std. für den Monteur mit einem Helfer rechnen.

Auf Grund einiger Akkord-Tarifsätze, welche unter Mitwirkung von Arbeitern und Unternehmern aufgestellt sind, wurde die folgende Aufstellung ermittelt.

Es ist dazu zu bemerken, daß der Zeitaufwand für die gleichen Arbeiten in den verschiedenen Tarifen sehr verschieden hoch geschätzt worden ist. Die Formeln der Aufstellung werden daher nicht jedem Tarif und nicht jeder Erfahrung gerecht werden können. Aber sie stellen doch wohl einen ganz guten Mittelwert dar. Daß die Zahlen auf Grund von langen Erfahrungen noch verbessert und verfeinert werden können, braucht nach dem Gesagten wohl nicht nochmals besonders hervorgehoben zu werden.

Entsprechend den vorher erwähnten Schwierigkeiten der Montage sind auf die Zahlen noch entsprechende Zuschläge zu machen. Die Bemessung derselben erfordert genaue Kenntnis der jeweiligen Arbeitsverhältnisse, große Erfahrung in der Beurteilung und weitgehende Rücksichtnahme auf die persönlichen Eigenschaften des Arbeiters.

Aufstellung der Montagedauer der verschiedenen Bestandteile von Heizungsanlagen.

Die Montagezeit in Minuten setzt sich zusammen aus einer Grundzahl und einem Zuschlag, der von der Größe des verlegten Teiles abhängig ist. In der Aufstellung bedeutet:

f die Heizfläche in qm,
l die Länge in m,
n die Zahl der Glieder,
s die Zahl der Schweißstellen,
d den lichten Durchmesser in mm,
J den Inhalt in Litern,
G das Gewicht in kg.

1. Kessel. Gliederkessel, die zusammengebaut angeliefert werden:

Wasserkessel . . . . $400 + 80 \cdot f,$
Dampfkessel . . . . $700 + 80 \cdot f.$

Gliederkessel, die in einzelnen Gliedern angeliefert werden:

Wasserkessel . . . . $550 + 100 \cdot f,$
Dampfkessel . . . . $850 + 100 \cdot f,$
Kleinkessel . . . . $450 + 45 \cdot f.$

Eingemauerte Kessel einschl. Beaufsichtigung der Einmauerung:

Wasserkessel . . . . $1100 + 40 \cdot f,$
Dampfkessel . . . . $1300 + 40 \cdot f.$

Hierbei ist die Anbringung der vollständigen Ausrüstung mit enthalten.

2. Heizkörper.

Radiatoren . . . . $165 + 14 \cdot f,$
Rippenheizkörper . . . . $160 + 20 \cdot n,$

Rippenrohre (Guß) . . . . $140 + 15 \cdot l$,

Rippenrohre (Schmiedeeisen) . . . . . $140 + 10 \cdot l + 30 \cdot s$.

Register und Schlangen wie Rohre, mit einem Zuschlag bis 30% bei kleinen Schlangen.

Für jedes Ventil oder Hahn Zuschlag von 30 Minuten.

Umbau von Radiatoren für jedes geänderte Glied 12 Minuten.

Abnehmen verlegter Radiatoren 20

Wiederanbringen derselben 40

Vorsehen eines Anschlusses ohne Anbringung des Heiz-

   körpers 50

3. **Rohre.** Einschließlich aller Form- und Verbindungsstücke, Befestigungen und Rohrhülsen usw. für 1 m.

Gewinderohr . . . . $8 + 0,6 \cdot d$,

Flanschenrohr . . . . $14 + 0,5 \cdot d$.

   Zuschlag für geschweißte Abzweige:

Gewinderohr . . . . $5 + 0,45 \cdot d$,

Flanschenrohr . . . . $20 + 0,005 \cdot d^2$,

Patentrohrbögen auf dem Bau . . . . $36 + 0,00014 \cdot d^3$.

4. **Armaturen.**

Flanschenventile . . . . $15 + 0,5 \cdot d$,

Muffenventile oder Schieber (Strang-

   schieber) . . . . $16 + 0,4 \cdot d$,

Kompensatoren . . . . $13 + 0,9 \cdot d$,

Reduzierventile (d am Austritt) . . . . $250 + 1,25 \cdot d$,

Kondenswasserableiter . . . . $15 + 0,75 \cdot d$,

Kondenstöpfe . . . . $60 + 1,5 \cdot d$.

5. **Sonstige Bestandteile.**

Boiler mit Schlange . . . . $350 + 0,7 \cdot J$,

Ausdehnungsgefäß . . . . $100 + 0,5 \cdot J$,

Schwimmerbehälter . . . . $240 + 1,3 \cdot J$,

Pumpen mit Motor . . . . $500 + 3,6 \cdot d$,

Ventilatoren . . . . $600 + G$,

Luftheizapparate kompl. . . . . $1400 + 1,2 \cdot G$.

6. **Einrichten der Werkstatt** usw. $160 + 3\%$ der gesamten Montagedauer.

VIII. Schluß.

Die vorstehenden Abschnitte geben die Regeln für gewöhnliche Anlagen, bei deren Bau sich keine besonderen Störungen einstellen. Werden bei dem Bau oder bei der Prüfung Fehler festgestellt, oder handelt es sich um die Verbesserung alter Anlagen, die nicht voll oder vielleicht gar nicht befriedigen, so tritt oft die Notwendigkeit tiefgreifender Abänderungen auf, die bei der vorliegenden Abhandlung nur in ganz geringem Maße berücksichtigt werden konnten. Die Behandlung der „kranken" Anlagen erfordert weitere, nicht mehr normale Maßnahmen, deren Besprechung einem besonderem Bande vorbehalten bleibt.

BUDERUS-LOLLAR HEIZKESSEL UND RADIATOREN

BUDERUS'SCHE EISENWERKE WETZLAR

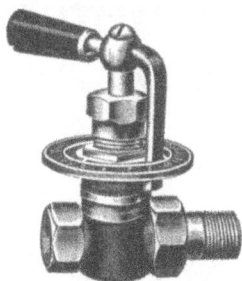

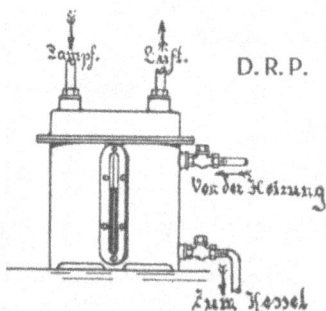

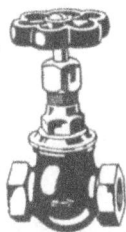

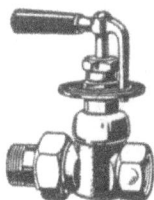

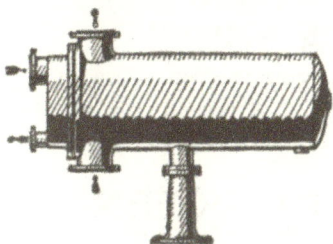

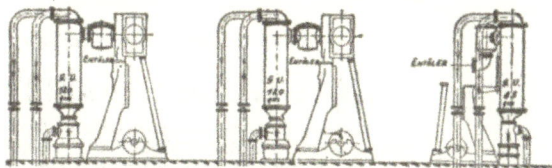

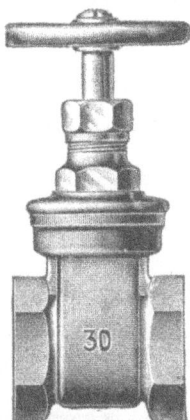

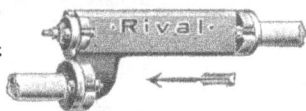

Taschenbuch
für
Heizungs-Monteure
von
Baurat Bruno Schramm

7. durchgesehene und erweiterte Auflage
162 Seiten. 122 Textabb. Kl.-8⁰. Kart. Mk. 3.20

Aus dem Inhalt: Kanalheizung — Luftheizung — Wasserheizung — Dampfheizung — Heizkessel und Regulatoren — Heizkörper — Selbsttätige Temperaturregulierung — Warmwasser-Versorgungsanlagen — Badeeinrichtungen — Tabellen für Wärmebedarf, Wärmeabgabe der Heizkörper, Rohrweiten, Ventile, Temperatur des Wasserdampfes usw. usw. — Montage — Die kranke Heizanlage.

In dem bekannten Taschenbuche werden die verschiedenen Heizsysteme und ihre Einzelheiten in kurzen Zügen in einer für den Praktiker leicht verständlichen Form behandelt. Das gesteckte Ziel, dem erfahrenen Monteur als bequemes Nachschlagebuch zu dienen und dem Anfänger Gelegenheit zu geben, sich die Fähigkeit zum selbständigen Arbeiten anzueignen, wird durch die ständigen Verbesserungen, welche der Verfasser seinem Werkchen angedeihen läßt, sicherlich noch weiter gefördert werden. (Haustechnische Rundschau.)

R. OLDENBOURG · MÜNCHEN U. BERLIN

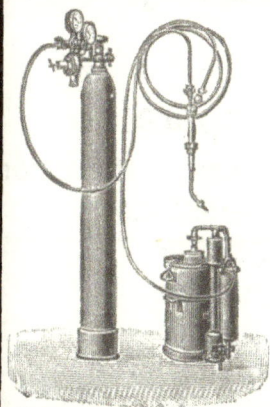

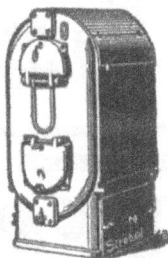